不成功，因為你太快

練習每日覆盤，不二錯、不瞎忙、年度目標有效達成

作者 張永錫

慢慢來，比較快

導讀者
電腦玩物站長 Esor

我在自己的部落格上，常常分享時間管理的方法、工具，過去我最常使用的一個關鍵字是「高效率」。直到今年，我開始刻意的避免使用這個字眼，因為效率再高，不一定能帶給我們快樂與幸福，還必須「慢下來檢視」。

去年我的孩子誕生，現在已經一歲多，這段時間孩子長大了，但我成長了更多。

面對同時要工作、寫文章、講課、照顧孩子，我一向覺得自己有辦法「都搞定」，把任務拆解與排上時程不是問題，但最後我發現，真正的時間管理「不是要搞定」。當我什麼事情都搞定時，心中隨時保持著緊張與焦慮，趕著去做下一件事情，自己不知不覺在高效率的誘惑下，偏離了自己追求幸福的目標。

那個當下，我「驚覺」自己埋頭直衝，卻可能是衝向自己沒有看清楚的方向。一直以為操弄著各種時間管理技巧與工具，但心中的焦慮並未減少。

於是，我遇上了張永錫老師的這本《不成功，因為你太快》，我的正職工作是個編輯，也是這本書的主編，所以有幸比各位讀者先讀到這本書，並為大家在此做個導讀。

《不成功，因為你太快》正是上面那樣問題的解藥，在永錫老師前一本《早上最重要的 3 件事》拆解完時間管理方法後，現在這本書，

永錫要告訴大家時間管理最關鍵的一個手段，就是「覆盤檢視」，而覆盤檢視的關鍵方法，就是「寫日記」。

是的，就是這麼一個簡單的步驟，可以幫助步調太快、衝得沒有方向、愈忙愈焦慮的我們，找到一個慢下來，卻更幸福的方法。

我最喜歡的部份

我要先跟大家推薦，這本書中我個人最喜愛的部分，那就是「第二部」的 2-2~2-9，那是八篇永錫人生的故事，當然不只是講故事，而是描述人生中八個重要領域如何檢視。

我建議想要「深讀（慢讀）」本書的朋友，這八篇故事可以讀兩次，用下面有技巧的方法讀。

第一次，在讀這本書前，先把那八篇故事讀一次。讀第一次，是感受寫日記的氛圍與價值，因為這些故事就是來自於永錫寫了 12 年的日記，這幫助他可以如此深入的回顧人生各領域的成長，檢視自己，找到意義。我們看到故事，並想想自己是否也能、也想做到？

第二次，等到讀完這本書其他章節的方法論後，重新回頭再讀 2-2~2-9 這八篇故事，這時候，我們可以從故事裡看到日記如何寫出重點，寫日記如何真誠的檢視自我，日記如何與自己的目標合作無

間，以及日記如何幫自己重新校準人生。這八篇故事，正是本書方法論的最佳驗證。

▌ *本書的日記方法論*

這本書最終提出了一套獨特的日記方法論。你可以在章節編排上看到他的結構，但我這裡用不一樣的角度，重新幫大家看到方法論深沈的意蘊。

首先是「SLOW（慢）日記法則的三重性」。

第一重是要怎麼寫出能檢視人生的好日記？這是本書第一部中所討論的，個人寫日記的 SLOW 法則。

第二重是如何能夠維持長期的寫日記習慣？累積得愈久，反饋的能量愈大，這是本書第三部用 SLOW 法則延伸出來的習慣養成方法。

第三重是永錫令人驚豔的又一個獨創，他將 SLOW 日記法則擴充到他的企業顧問領域，在真實企業中帶領團隊去每日覆盤，並創造工作上最強大的溝通、目標訊息流，這是本書第四部分的重點。

SLOW 法則從個人到企業，從內容到習慣，也從自我檢視到完成自我價值，這就是他的三重性。

接著，永錫這套日記方法論，最最讓我驚豔之處，則是「未來日

記 - 年度目標 - 目標日記」所構成的「閉環」系統，這在本書 2-1 提出，並成為全書的核心實踐。

原來，做目標計畫，也可以用「寫日記」來達成！透過寫「未來日記」去想像自己願意做到什麼事情，從而建立真正具體的目標。然後在寫「現在日記」的時候，不是漫無目的的寫，而是要扣緊之前建立的年度目標去寫。於是「覆盤檢視」的系統便建立完成。

▎ 小結：

這本書，我們製作了兩年，從永錫第一本《早上最重要的 3 件事》出版後，我們就開始了這本書的討論、企劃、撰稿。但這兩年，永錫與我的人生都有很多改變，有很多跌宕起伏，不過這就是人生，不是嗎？我們不是怕起伏，怕得是起伏中失去了方向。

所以，需要不斷的覆盤檢視，需要寫日記。

我也回顧自己的日記，兩年前的我，曾覺得第二部的那 8 個故事只是有趣的日記範例。但兩年後的我，卻看見那是本書最精華，最有厚度的部分。

希望你也能從《不成功，因為你太快》當中，找到自己慢下來的方法與勇氣，並且在人生重要的領域中，為自己留下記錄，立定方向，不用太快但堅定的往前邁進。

一,改變的起點

用 SLOW 原則寫成功日記

二, 覆盤的技術

每日九宮格自我檢視

三, 練習的方法

每天寫日記的技巧與工具

四,企業的覆盤

寫日記優化工作管理

尾聲

第
・
一
・
部

改變的起點：

用 SLOW 原則寫成功日記

1-1

真正把日記寫好的 SLOW（慢）原則

　　老胡是同時管理好幾家餐館的老闆，是我學生陳老闆的好朋友，他常常聽陳老闆推薦我時間管理功力深厚，就跑來找我：「永錫老師，我可不可以請你來我們企業教我們如何寫『工作日記』。」

　　「我讀《鼎泰豐：有溫度的完美》這本書，裡面提到他們運用寫工作日記，讓企業管理在效率與績效上都更好，心裡好佩服。」老胡解釋：「我們企業雖然不大，但是也開始用您《早上最重要的3件事》一書中吃青蛙的技巧，整個公司在 Line 群組裡打卡，每個人說明自己每天要完成的任務，這樣做，果然大家都比較不忘記事情了。」

　　老胡接著說：「吃青蛙打卡，是公布每天準備要做的事。所以接下來，我們想要更進一步，做好每日工作的總結與檢討。」我問：「那你想要我做什麼呢？」

　　「我想請你到我們企業做個兩小時演講，教教我們如何寫工作日記？雖然我們餐廳小，也想要和鼎泰豐這種企業學習。」胡總眼神發光，看得出他堅定要做好餐飲行業的決心。於是，我到老胡公司

做了一場兩小時的演講，教他們在行事曆中打卡，接著貼到 Line 群組裡面，完成一天的工作日記。原本，我想這樣子就可以了，但是我低估了老胡經營企業精益求精的決心........

過了一個月後，老胡又跑來找我：「永錫老師，我希望『寫好』一條日記。」

「上次不是教過你們寫日記的優點與方法了嗎？」我好奇地問：「大家反應也很好，覺得和吃青蛙的 FAST 法則，正好是天生一對。」

「就是成效很好，所以就要更好，既然吃青蛙，寫日記有用，那把吃青蛙寫得更好，寫日記寫的更好，功效不是更大？一開始我是這樣想的。」老胡一臉挫折感：「結果，廚師們和我吵架，拍桌子，說不幹了。他們又不是大學生，就是不愛讀書，現在工作寫日記，花的時間根本沒價值，弄的大家都吵起來了。」員工辛苦，老闆也難為。

「那是你用心良苦呀！」我心想，老闆做了老師的工作，那可真叫做不容易，但是也得幫幫老胡才行：「那簡單，剛好大家寫日記已經一個月了，我再去你們公司上一堂，主題是：『寫好工作日誌的 SLOW（慢）原則』」。

「SLOW（慢）原則？」老胡說：「不對呀！工作不是要做快（FAST）一點嘛？」

「吃青蛙要快思（FAST），寫日記要慢想（SLOW），快思慢想，才是時間管理高手」我拍拍他的肩膀：「我們快（FAST）點來看看行事曆，決定上課的日期。」我答覆：「我還得回去慢慢想想（SLOW）如何幫貴公司講好演講呢！」

SLOW 是我發展出來，「寫好」日記的四個技巧，S 就是「Success」，代表「邁向成功的主題」；L 就是「Length」，代表「可以執行的適當長度」；O 就是「Organize」，代表「有效的組織重點」；W 就是「Watch」，代表「定期檢視自己」。以下就讓我們一一介紹。

S 成功	撰寫跟自身有關的邁向成功主題。

L 長度	願意開始寫，能夠常常寫的適當長度。

O 組織	有效組織重點，分點、分段、有人名。

W 檢視	定期檢視比記錄更重要。

S：「Success」邁向成功的主題

「我們員工就這麼幾十人，教育程度也不好，怎麼教他們寫呢？」老胡個性就是急，我都還沒準備，就開始問問題了。

「那就先寫一些跟『自己有關的成功感受』，例如：今天工作哪件事情做得很好？或者工作上有哪些學習？甚至是感謝今天工作上協助我們的同事。」我回答。

是的，一開始寫日記，寫和自己有關的事情最重要，而且老胡公司的場景是整個餐館的同事一起寫日記，更需要有統一的主題，依據我的經驗，一開始的主題從「自身成功感受」寫起，比較容易，也會帶來很大的正向效果。

「那以後可以變更嗎？有好多我想要做的改革，像是讓我們店的業績更好？」老胡才寫了幾天日記，就想到後面的事情。「可以呀！第一個月的主題是『成功的感受』，接下來就可以是『準時完成專案的成功方法』，都可以成為每月的『成功主題』。」我回答。

L：「Length」可以執行的適當長度

「還有一個問題，那麼每天寫日記，要寫多長呢？我發現公司裡的總經理及高層主管，內容縝密，都寫很長；大部分的同仁，都寫很短，尤其是廚師，常常和我抱怨，花了很久，只寫幾個字。」老胡想了想，又提出一個問題。

「你覺得，在 LINE 裡面的日記，長短不一比較容易閱讀，還是一樣等長比較容易閱讀？」我反問老胡。「當然是長度一致才好。」老胡立刻回答。

「是的，我建議一開始就寫 140 字就好了，這是我們一則簡訊的長度，看起來長短適中，也足夠解釋好一件事情。」我慢慢道來。「太好了，這樣子廚師也比較能接受。」老胡是廚師出身，總是從他們的角度出發，難怪是一個受人敬重的老闆

「永錫老師，但是寫太短，我就覺得看不到餐館的詳細狀況，心裡老是不安心。」雖然要幫忙廚師的困難，老胡也講起老闆心中的擔憂。「你覺得，應該要讓大家願意寫日記？還是寫很長但是常常做不到？」我問老胡。

「當然是同仁願意寫日記重要，我懂了，大家都寫一樣長，都寫 140 個字，這樣幾分鐘就寫完看完，這才是我們要追求的。」老胡不愧是二十幾年的餐飲經驗，一下子就抓到重點。「對的，就從 140 字開始，重點在培養大家都願意開始寫日記，這就是重點。」我簡短下結論。

╱ O：「Organize」有效的組織重點

「永錫老師，還有問題，我發現有的餐廳經理教育程度高，寫的很流暢，廚師及服務生們最近也開始寫，但是他們寫出來的東西，文句不流暢，大家看得很吃力。」老胡又問出一個關鍵問題。「那沒有什麼方法可以教給我們這些廚師呢？最好簡單一點，他們才學的會？」

「有的，我就教教他們：『分點、分段、有人名』三個組織原則吧！」我回答：「寫日記，要寫的有組織（Organize）很重要，但這不是說要寫得文情並茂，而是要能抓住重點，解決問題。」

分點

我從老胡公司的日記群組中選了個例子：「今天和廖總溝通，討論了三個廚師長的提出的員工薪資問題，讓我們財務進行歸納處理，給我們很好的意見和建議，謝謝廖總。」

其實我們可以寫出這幾個廚師的名字，並分別寫下他們的問題，例如：

今天和廖總討論三位廚師長提出的員工問題，讓我們財務進行歸納處理，給我們很好的意見和建議，謝謝廖總。三位廚師長提出的問題如下：

> ⇨ **陳廚：提出加班表格設計太過繁瑣，填寫耗時。**
> ⇨ **老向：他及下屬中文輸入慢，建議繳周計畫日期改週一。**
> ⇨ **呂廚：結帳櫃檯新人員不熟流程，希望協助教育訓練。**

「哇，這個分點太好用了，只要寫上員工姓名，並且把大家的重點條列，大家看得就一清二楚，果然更有組織了。」老胡眼睛不禁睜大了一點。

分段

「老師，還有一點，你不是說一開始寫 140 字就好？一分點，很容易就超過了。」老胡真是好學生，一說就到點了。「第二點秘訣就是分段。」我細細解釋：「原來的內容是第一條，三位廚師的分點內容是第二條，那就很好閱讀了。」我回答

「這樣的話，有些幹部當天遇到的狀況比較複雜，也可以用這樣

的方式分段。」老胡總能舉一反三：「這樣的話，就算是很長的內容，也容易理解。」

沒錯，其實寫得很長的日記，可以分段輸出，這樣就便於閱讀，尤其是餐廳常常會有客戶服務的案例，要講完都很長，如果有「分段」這個技巧，就算是長一點，分個兩三段，閱讀還算是流暢。

有人名

「接著就是『有人名』這是什麼意思呢？」老胡一鼓作氣地提出問題。

我看了看公司的日記群組，挑了一條唸給老胡聽：

「今日對廚房新同事製作新菜上市流程培訓投影片進行審核，思考好，邏輯強，非常認真。

也感謝人力資源部為我們引入優秀人才。」

「這條日記其實寫得很好，兩個重點有分點、分段，只要加上人名，就更有組織（O）了。」我拿過老胡的手機，叫出鍵盤，打上幾個字，並且要胡總念一下新句子：

「今日對廚房新同事張雷製作的新菜上市流程培訓投影片進行審核，思考好，邏輯強，非常認真。

也感謝人力資源部小輝輝為我們引入優秀人才。」

我說：「姓名是每一個人最渴望聽到的名詞，只要有人一提到我們的名字，立刻就豎起耳朵，若是稱讚，就開心，若是責備，就很難過，甚至生氣。同樣的，如果在個人日記中寫上人名，就會讓自己更加認真去看這些事件。」

╱ W：「Watch」定期檢視自己

每到週五晚上，老胡就特別不開心，因為週六上午就是同仁交週計畫的時候了，但是同仁們教出來的東西品質看上去很好，但一週執行下來，總是跟計畫有所偏差。

「永錫老師，不怕你笑，除了業績指標外，我們周專案執行進度，頂多三四十％。」他打電話時和我大吐苦水，聽得出他心裡的焦急，恨鐵不成鋼：「有沒有什麼辦法，可以對我們週、月計畫有幫助。」

「可以呀！其實很簡單，只要週五晚上，大家製作週計畫之前，寫週計畫之前，多做一個動作就可以了。」我一派輕鬆的說。

我微微一笑「就是把每天發的日記，統一整理起來，讓大家回顧一次這週的所有日記。」老胡說：「可是日記不是每天都寫了也都看了嗎？」

「對的，就是要大家再看一次，這個概念就叫做每週（Week）檢視。」我回答：「團隊專案管理不好，是因為沒有對上一週團隊收到的各種訊息進行檢視。若是週五晚上，我們自己把這七天的日記整理好，也仔細閱讀大家發出來的日記，這對隔天要交的下週計畫有沒有好處？」

「因為大家看到餐館的其他人寫的上週全部日記，就對下週計畫推動有更具體的想法，能更直接抓出問題。」胡總一拍大腿，樣子好帥：「而且這些日記，前幾天已經看過，這是第二遍看速度很快，這招厲害，雖然只看了幾分鐘，確實做下週計畫品質就提高了，永錫老師，你太厲害了。」

把每天的日記累積起來，七天到了，整個檢視一次。這樣子個人

或團隊就可以做好檢視，進而把週、月計畫做好，而這樣未來每天的日記也才有意義。

「檢視比記錄重要！」這是我的體會，也和大家分享。

／寫日記是個慢功夫

我自己寫日記十年，確實覺得寫日記一點都不難，沒想到，教別人寫日記，真是不簡單。

> **因為寫日記確確實實是一個慢功夫，**
> **但是一個人，若是每天訂目標，每天檢討，**
> **並且每日堅持不斷，就可以形成一個「閉環」**
> **（*Close Loop*），缺點越來越少。**

我一直很喜歡一部紀錄片「壽司之神」，在這裡唸給大家聽，作為這篇文章的結尾：

我一直重復同樣的事情
以求精進，
總是嚮往能夠有所進步，
我繼續向上，
努力達到巔峰，
但沒人知道巔峰在哪。
我依然不認為自己已臻完善，
愛自己的工作，
一生投身其中。

1-2

檢視，檢視，再檢視，構成循環

　　曾有一次機會，和一群教導偏鄉的老師演講，他們有的還是大學生，休學一年；有的是大學剛畢業，就投入這個專案。十六名老師，分布在兩個學校，要從事一年國小學童的教學。

　　我想起大一時，參加服務性社團，寒暑假期出隊，進入大山，到宜蘭縣大同鄉英士村英士國小，全校 29 人，我們在村子裡面辦夏令營、營火晚會、政令宣導（因為拿政府經費）等。我又想起三十歲時，擔任安親班老師，教導孩子六年的英文，帶著二十多位小朋友，從下課接送，午餐、午休、課程教學到家長溝通。

　　孩子們深邃美麗的眼睛，讓我至今難忘。

　　有這樣經驗的我，要教這些老師，要教什麼主題呢？後來我決定，就教教我寫了十年日記的方法吧！

　　為什麼要選寫日記這個主題？因為我相信：「我們的生命，可能因寫日記改變。」我和老師聊每日檢視，講每週檢視，討論年度檢討的方法。

從我年輕時，在大學的山服隊，到教導安親班的小朋友，我寫筆記，沈澱思考及學習的經驗。到三十多歲以後以後，我寫九宮格日記，日日認真累積，終於成就我的夢想。

那天的演講講出了我每天最愛做的事情，也介紹了我成功的路徑，讓我們從每天寫日記這件事情，回憶一下我和這些老師說了什麼吧！

每天寫日記的五個要點

「起立，立正，敬禮」班長下了指令。

「老師好！」十六位老師大聲和我招呼。

啊，好熟悉的場景，聽到被稱為「老師」，背脊不禁挺直了點，一面寒暄，一面說明今天教學大綱。之前教導過這些老師如何吃青蛙（在我的前一本《早上最重要的 3 件事》有提到），也就是如何快速（FAST）完成每天最重要的事情。

這堂課則是告訴老師如何寫日記，能夠慢慢（SLOW）檢視前一天的所作所為，若有做不好的地方，還可以用今天一天的時間，設計青蛙及蝌蚪來推動。

我為這些老師們舉了五個要寫好每日日記的原則與主題。

▌ 真心話日記：

日記不是給別人看的，是給自己內心深處看的，所以要寫實話。心情好寫心情好，心情不好寫心情不好，罵罵髒話也可以，因為給自己看，還不真心，那就太假了。

▌親密關係日記：

　　每一個人都渴望親密關係，但是親密關係也是要經營的，甚至有時候，這樣的關係是苦多於樂。我建議老師們，雖然到偏偏鄉教學，但是還是要定期和家人、男女朋友聯絡，這才是人生幸福的基礎。

▌專業學習日記：

　　日記是一種非常好的學習工具，每天可以寫下自己閱讀的心得，上課後的檢討，工作上同仁的反饋。在學校教書的老師，可以每隔一段時間，檢視自己的日記，也可以說是檢視整個班級學習的成效。

　　學習後立刻寫日記，這是一種「積累」的過程，我們對專業的學習，能夠帶動更深入的學習，這種價值，不是短期有效而已，是在培養一生的一種好習慣。

▌紀念日：

　　每年，我都會到爸爸、媽媽的墓前掃墓，清明節，家族也會聚在一起。我和太太會慶祝結婚紀念日，也幫孩子們過生日；更不用說過春節、中秋節等傳統節日。把這些有意義的紀念日那天發生的事情，記錄在日記之中，讓人覺得人生幸福感大增。

▌願景：

　　演講中，我也告訴老師我的願景是「影響一百萬人，成為追求幸福的行動家」，而我也在每一天的生活中實踐努力。

"

日記最特別的地方是，

它不僅僅用來瞭解自己，

還能幫助我們實現願景，豐富人生，

創造出自己想要的生活。

"

　　這才是我建議老師們要寫日記的原因。講完了第一大段演講，發現老師們鴉雀無聲，本來還以為自己講得不好，沒想到，大家突然鼓起掌來。我愣了一下，說了聲「謝謝大家」，結束了這五個要點，繼續往每週檢視講下去。

每週檢視的五個要點

　　曾博士是這個偏鄉老師計畫的負責人，兩年多前從確立了這個計畫，他就思考每一週都要對這 16 位老師進行培訓。讓老師在學校努力教學之餘，還能夠持續學習，這樣子才能有更加踏實地成長。

　　也由於感佩曾博士付出的精神，我當然願意幫助這些老師做了好幾次的培訓，包括這次日記的主題。

　　每週教和學成為一個持續不斷的循環，這才能起更大的作用。每天，老師們吃青蛙（做重要的任務）、寫日記，形成一個每日的循環。到了每週，老師們要做好每週檢視，並且訂定下週的教學計畫，架構週層級的循環，才能讓寫日記的效果真正呈現。

以下就是我教導給他們每週檢視的五個步驟。

▍ 先清空收件匣：

收件匣代表老師的雜事放置之處，例如沒改完的考卷、自己記錄事項的筆記本整理、開會記錄、還沒清空的郵件收件匣、Line 裡面各群組未讀訊息，手機裝的相片，都可以利用每週檢視的時間，把雜事加工成下一步行動，推動我們的教學專案。

▍ 檢視晨間日記：

利用幾分鐘的時間來看看自己上一週的日記，並且思考一下應該推動的專案，找出推動專案的下一步行動。

這個動作非常重要，因為我們是站在審視一週教學計畫的高度，一方面，檢視日記時這些行動是否幫助我們往預期教學結果前進，另一方面，要看看這些專案有沒有需要新增、合併、刪除之處。

檢視日記，找出下一步行動，是我認為老師能否在這一年中進步的重要關鍵。

▍ 檢視行事曆：

看看上一週的行事曆，看看未來幾週的行事曆，有沒有需要啟動的計畫，遺漏的事情，此時可以把這些事情登記到自己的待辦事項清單上。

█ 思索任務行動：

這就是檢視自己的時間管理系統，包含團隊的專案，自己的行動。需要更新專案清單，重新理清下一步行動，讓所有的專案及行動合乎現在團隊推動的現況，才能幫助我們面對下一週的事情。

█ 檢視五年計劃及年度計劃：

看看自己更高的願景，有沒有新增的想法，有沒有新的資源進來，讓我們想要啟動任何新專案。

> "
> 「學如逆水行舟，不進則退」，
> 檢視時，我們應該問問自己，到底自己
> 是走在前進的路上或是後退的路上呢？ "

「檢視比記錄重要」，每週檢視確實是不簡單的工夫，有人說，需要一百次每週檢視（兩年）才能固化這個習慣。

課堂上，我也勉勵偏鄉老師們，可以藉著 Line 群組裡相互鼓勵及支持，幫助彼此通過這段蹲馬步的時間。因為「學習永遠發生在群體之中」，要善用自己的青春，善用自己碰到的機運，勤奮努力，把時間花在刀口上。

這也是曾博士所希望的，藉著老師自發地自我要求、學習，彼此的成長及砥礪，師長的勉勵及以身作則，讓這些老師成為自己所喜歡的人，承擔應該承擔的任務。

年度檢視的五個要點

這些老師，在一年間，希望鍛鍊出不同的能力，跨越舒適圈，真是讓人佩服。

因此，我在演講時也特別強調，到底寫日記如何能最大化的幫助自己呢？我建議老師可以在寫日記幾個月後，運用教導的「半年檢視」檢查自己的學習結果，並訂立下一年的目標，就讓我們開始聊聊吧！

我從 2006 年開始寫日記到現在，每年年末時都會完整檢視自己一整年的日記一遍。這是閱讀《杜拉克的 7 項體驗與自我管理》一書（作者：彼得.杜拉克），裡面第四項體驗中學到的方法。

管理大師彼得.杜拉克年輕時在維也納的報社工作，總編輯是個很有紀律的人，要求報社的全體同仁，每半年要做一次半年檢視。包括以下的事項

列哪些事做得不錯？

看看這一年有哪些成就，像是過去一年，我寫了兩本書，通過了一個國際認證講師牌照，完成兩個大型的企管顧問案，還有幾個公開班。

偏鄉老師在寫滿日記一年後，也可以看看自己完成了哪些事情，或許是讀完了多少本書，完成了多少場教育訓練的筆記分享，擔任了團隊講師多少次，假期時到了哪兒旅行等，這些都是可以量化的指標。

▍表現不好但已盡力的事

有時候，我們自己已經拼進全力了，但是結果不如預期，這些事情可以在回顧日記時，一一重現，作為明年制定目標的參考。

▍檢討自己不努力的事

這些事情是我們已經設定目標或計畫，但是並沒有全力以赴去做的事情，不管結果好壞，但是自己確實知道自己沒盡力，這些事也可以列表下來，作為警惕。

▍批判做很糟或沒做到事

做的結果不好的事情，可以思考以下因素，是資源不夠，時間不夠，場景不對，或者自己該領域能力不足，此時可以針對這個因素予以補強。

▍規劃未來半年的工作

最後可以思考未來半年，哪些事情「該專注？該改善？該學習」，列出工作目標，放在醒目的地方。像我自己會將這些目標視覺化，放在手機上，時常提醒自己。

十年磨一劍，經過這 10 年的檢視，我慢慢改良彼得．杜拉克的方法，變成自己的年度檢視。

我也希望偏鄉老師們，認真寫日記，在年底花一些時間把日記看過一遍（約需要兩、三小時），針對這五個問題好好思考，我相信一定對訂定明年目標很有好處。

"
寫日記，單單檢視一天，
只能針對執行力予以改進。
每週檢視，則幫助了推進專案的能力。
年度檢視，則是更上層樓，
協助掌握自己人生的方向。 **"**

　　這日、週、年檢視的方式，也是所謂的「檢視，檢視，再檢視」，唯有透過檢視，才能認識自己，推動自己前進，進而完善自己，實現自己的夢想。

　　我這麼多年寫日記，深深體會這是個「慢功夫」，是由外往內的過程，是瞭解自己的旅途。每天若能結合寫日記和吃青蛙，堅持一年，我覺得會有很大的益處。

1-3

「S」為什麼以及如何開始寫成功日記？

　　「永錫老師，決定了，我希望能夠多了解自己，之前我讀你的書，已經養成了列出每天青蛙的習慣，一天的工作開始有重心，我還想了解更多的方法，讓自己持續進步。」小潔很有志氣，希望透過改善自己，活好自己的每一天。

　　小潔是老婆的好朋友，開了一家小店，雖然還沒三十，但是已經結婚，有第一個 Baby 了，正是人生最忙碌也最有活力的時候。

　　「很棒，列青蛙就是做好每日的計畫，如果你已經有這個習慣，搭配日記，兩者相輔相成，效果更好。」我鼓勵地說：「寫成功日記很簡單，就是寫五條成功的事情，我們今天先講講如何寫這五條日記的基本方法吧！」

　　要想長期寫日記，建立基本功很重要，我從成功日記（S，Success）開始，一步步引導沒有寫日記經驗的小潔，奠定寫日記的基礎。讀者們，你也可以一起試試看。

開始寫成功日記：五個問題、五個段落

「永錫老師，寫日記，要從何著手呢？」小潔提出疑問。「你以前有寫日記的經驗嗎？」我問。

「有寫過，但是沒辦法堅持，老師別笑我，我買過紙的筆記本，放了一年，只寫了第一頁！」小潔不好意思地說：「也下載過老師做的 Evernoe 晨間日記範本，但是也沒寫幾篇。總覺得自己作文能力不好，難以堅持。」

「那正好！寫日記其實不是寫作文，我們可以從『問答式日記』開始寫起，這是最簡單寫日記的方式了。」我想了想後回答。

「就是照著問題，回答答案來寫日記的意思嗎？」小潔問著「對的，我們這就開始吧。」我回答。

「問答式日記」是從我的好朋友 Kevin 所製作的 App：「格志日記」中得到的靈感，由於小潔沒有寫日記的經驗，因此我建議她從這個「問答式日記」開始，選出一些自己每天都想要思考的五個「邁向成功」的問題。

心靈

今天為自己創造了哪些獨特的體驗？
今天心態積極嗎？稱讚一下自己吧
今天我看到/聽到/做了最感人的事情是什麼？
今天讓我最快樂的事情是什麼？
今天我應該感謝誰？
為了讓未來更好，我願意做的事情是什麼？
有哪些事情，我應該不做的？

弱連結

今天是否主動關心了我的朋友？
今天是否「日行一善」，幫助了任何人？
今天新認識的朋友是誰？
今天我和工作伙伴有哪些正像互動？

今天是否照顧了我的植物/寵物？有哪些有趣的互動？

親密關係

今天是哪個家人特別的日子？有什麼事情發生嗎？
今天是否聯絡爸媽了？
今天留下時間陪伴家人了？做了什麼？
今天要如何和另一半表達我愛你？
今天主動為家人做了什麼？

健康（如何吃？如何動？如何靜）

今天我吃了哪些有益健康的食物？
今天工作和生活平衡嗎？
今天我的精力十足能量全開嗎？
今天我身體如何？會腰酸背痛？我做了哪些運動？
今天我的睡眠品質如何？
我做了哪些事情讓自己休息及放鬆？

NEW新聞

今天最大的驚喜是什麼？
今天有哪些和我有關的有趣訊息？
今天有什麼好點子或靈感？
今天有那些大新聞？

財務

為了讓自己財務自由？今天做了哪些努力？
今天的股市狀況如何？我如何因應？
今天購買了哪些東西？
今天的花費狀況如何？

心智成長

今天我學習了什麼？
今天在我最關注的領域，我有哪些進展？
今天我聽了什麼音樂？
今天我看了什麼電影？
今天我讀了哪些書籍？

工作

今天我在工作上，達到了哪些的結果？
今天我自我改善了哪些地方？
我清空了收件匣了嗎？
今天我認真和對待我的工作嗎？舉例說明？
工作上遇到的挑戰及決定的下一步行動為何？
今天工作，我是否經盡我所能？
今天客服了哪些分心的誘惑呢？

夢想

今天的我，是我想成為的我嗎？
我為我的個人目標or終身夢想做了什麼？

下面這是小潔選出的五個問題（別忘了你也可以試試看列出你的）：

⇨ **今天為自己創造了哪些獨特的體驗？**
⇨ **今天主動為家人做了什麼？**
⇨ **今天我學習了什麼？**
⇨ **今天我在工作上，達成哪些結果？**
⇨ **今天我的睡眠品質如何？**

「好的，小潔，這五個問題很棒，接著，你針對這五個問題，寫下你的答案吧！」我說。

小潔想了想，動筆寫下五個答案：

⇨ **今天為自己創造了哪些獨特的體驗？**
今天和永錫老師一起討論學習寫日記，來之前有點緊張。
⇨ **今天主動為家人做了什麼？**
早上上班前幫全家洗衣服，收衣服，並到頂樓晾衣服。
⇨ **今天我學習了什麼？**
閱讀「快思慢想」，大概花了 30 分鐘。
⇨ **今天我在工作上，達成哪些結果？**
早上到店裡面，和小幫手一起打掃，吸塵器清理所有地板。
⇨ **今天我的睡眠品質如何？**
睡了大概七小時，但是入睡太晚，希望改進。

「永錫老師，這樣五條日記可以嗎？」小潔問。「很棒呀！這就是很好的開始。」我回答。

　　成功日記的方式，就是用五個段落來描述一天中重要的、邁向成功的事情，一開始不熟悉寫日記的方式，可以採取「問答式日記」中的問題，自問自答，完成這五條日記。慢慢地，當比較熟悉「問答式日記」模式，就可以進化到以自由書寫五條成功日記內容的寫作方式。

╱ 自由書寫成功日記的兩個技巧

　　「為什麼自由書寫比較好呢？」小潔緊接著問。

　　「因為一來格式比較不會受到束縛，二來一氣呵成的日記，容易養成寫日記習慣。」我回答「目前我每天只要花五分鐘，就寫完五條成功日記，大概是兩百多個字，這樣子耗時短，才更容易長期堅持。」

　　「那寫這五條的成功日記，有沒有什麼注意事項呢，我希望這五條日記能夠寫得更好。」小潔很認真。「這個問題太棒了，除了問答式日記外，自由書寫的日記也有兩種建議的寫法，一個是時間軸排序，一個是重點性排序的寫法。」我回答。

▎時間軸排序

　　時間軸排序，顧名思義就是依照一天的時間流程，找出五件事情來寫回顧的日記，例如正常的上班、上學日，出差、出遊都很適合用這樣的方式來寫日記。

通常回憶一下上午做什麼，接著是午餐，下午，晚餐，晚上到睡覺前，各個時段挑一到兩件事情記錄，就完成了。

舉個例子：

⇨ 八點開遠距會議，最近團隊成員都有不同挑戰，但是首先大家可以傾吐，相互傾聽，共同成長，這還是很重要的。

⇨ 十點幫老婆把衣服送到 Bambino，接著中午又去，協助把 Oven 組裝好。

⇨ 下午花了兩個小時，在 iPad 上把 2017 日記檢視完成。之後和 Esor 討論到日記的主題，結論是「檢視檢視再檢視」，也就是「深度覺察」，這才本書的核心

⇨ 晚上吃火鍋，準備食材，全家一起吃，還是很開心，嘗試了韓國第三辣的泡麵

⇨ 晚上和 XXX 聊，確認了今年前三個月的季度計畫，兩三個公開班，商業客戶開展計畫。

▎重點性排序

重點性排序，有時寫日記，某些事情我們會覺得最重要，想要優先寫下來，接著再寫次重要的事情，之後才書寫其他的事情。

舉個例子：

> ⇨ 到屏東高中演講，結果差強人意，還要進步，準備時間太少，沒有客製化，對課件熟悉不夠。但最後的 Q&A 十五分鐘和同學互動良好，對我幫助很大。
>
> ⇨ 唐老師和吳老師還開車到屏東車站來接我，真的很感謝。中午也和孔志明校長秘書一起用餐。
>
> ⇨ 去屏東的火車，我很早就抵達車站，在等待的時間裡，我睡了好一下，也聯絡吳家德，讓自己慢一點，調整心情。
>
> ⇨ 回來時也和惠暄爸媽聊一下，他們下午請假，接 Marnis 回來，真的很感謝。也和我提到不要太花錢，有賺錢要存錢，真的是語重心長。
>
> ⇨ 每次出差，都有學習，要更認真準備才是。

這一天的成功日記，我就是以一次「屏東高中演講」為最重點，之後寫次重要的事件，一樣寫五個段落，完成成功日記。

╱ 為什麼要寫成功日記？

「今天我學了問答式日記、時間軸排序、重點性排序，我就知道如何循序漸進寫好成功日記了。」小潔若有所思：「從此我就不用擔心五條日記要寫什麼了，但是我還是想要繼續了解，如何寫好

『一條』日記，永錫老師，你可以更清楚一點嗎？」

「當然囉，接著我們來講講為什麼要寫『成功』日記吧。」我回答。

「對呀，為什麼要多寫成功日記？」小潔歪著頭想：「不是說人生不如意事十有八九嗎？」

「對呀，就是因為不如意事情多，我們更要寫成功日記。」我回答：「美國第 35 任總統約翰•甘迺迪曾經說過一句話 "Tragedy is a tool for the living to gain wisdom. Not a guide by which to live."（悲劇是讓生命增長智慧的好工具，但是不能靠悲劇的價值觀來指引我們生活）。」

「哇，好有學問的句子，這是什麼意思呢？」小潔問。

「意思是，人生如果常常用悲觀的角度看問題，雖然讓我們更有智慧，但是心理的負擔太大了。」我回答：「人生要負重擔，走長遠的路，這一路上心情還是輕鬆點好，成功日記，多書寫成功的事情，讓這些自己做好的事情可以激勵自己，也是一種不錯方式。」

> **不能靠悲劇的價值觀來指引我們生活，**
> **寫成功或邁向成功的事情**
> **激勵指引每天的自己。**

「可不可以舉幾個例子呢？就是正向書寫成功日記的例子？」小潔問。「可以呀，我們來看看幾條成功日記的例子。」我回答。

例子 1：「搭乘自強號時，讓座給一位六十多歲的先生，他看起來是住院的狀態，手上還留著打點滴的管子。其實我也沒買到坐票，但是有能夠幫助別人的機會，讓自己開心。」

例子 2：「參加松村寧雄先的曼陀羅九宮格書籍改版，也聽他講述『空』的演講，又買到他的手帳，非常開心。」

例子 3：「和印尼好友 Ypita 及 Ferry 同遊日月潭，一早就去探路，和『愛騎』自行車店老闆相談甚歡。」

「哇！感覺看到這幾條日記，就感到正能量滿滿呢！」小潔驚呼。

舊約聖經約翰福音有一句話叫做「言即肉身」（希臘文是 kai ho logos sarx egeneto），意思是要重視我們所說的話及採取的行動。

寫成功日記時也是如此，長久寫下來，寫的字彙就會成為腦中常使用的文字，我們希望思考事情主動樂觀，那就增加樂觀的字彙；如果寫日記時，過多談論生活中的「悲劇」，雖然有助於了解生命中的事實，但是導致容易悲觀的結果。

試想，我們若擁有一個正向思考，充滿創意及活力的腦袋，能讓我們的人生產生多大的變化？

試試看在寫成功日記時，多用正向成功的表述方式，就可以練習使用正向字彙的能力，這樣子在日常口語中，也更容易採用正向的字眼。

「但是有時候生活還是有負面的事情，在每天日記中就要避開這些事情嗎？」小潔問。

「也不是這樣，首先，成功日記是我們未來要發展成九宮格日記前的核心格子，你可以把負面的事情寫在另外八格中。其次，我們正面及負面的事情，可以用 80/20 原則，多寫正面（四句），少寫負面（一句就好），幫助建立正向的思維。」我回答：「不用完全避開負面的事情，而是要減少負面思維對我們的傷害。」

成功日記最小的單位，就是一個段落的成功日記，我們練習書寫正面思維的問句，練習使用正面思維的語彙文字，一方面，讓我們學習「轉念」，在每天經歷事情之後，省思自己的想法，往正面思維「轉念」；另一方面，多讚美自己（80％），負面自我批評降低（20%），這也是心理學家 John Gottman 所建議的黃金比例。

圖片，讓成功日記更有力量

「太棒了，這樣我也懂得成功日記多寫正面段落的重要性，那還有沒有什麼方法，幫助我能寫好成功日記呢？」小潔問著。「當然有囉，我們還可以運用圖像的方式來記錄日記，這可是很有威力的喔！」我回答。

「太棒了，又可以學到新的方法了。」小潔覺得寫成功日記，越來越有趣了呢！「所以，我們可以用圖像的方式來寫成功日記？」小潔問。

「當然囉，可以加入相片、自己繪製的圖片、各種語音檔案來讓這則日記更加豐富。」我回答：「像是我們建議的日記工具Evernote，可以插入各種的檔案，讓我們寫日記能夠達到圖文並茂的效果。」

> **我不大用文字來思考，**
> **我必須辛苦地將自己的視覺圖像**
> **轉化為傳統的口語和數學詞彙。**
>
> **- 愛因斯坦**

其實人們對於視覺的吸收最為迅速，所謂「一圖表千文」，因此，我們可以運用圖像來讓每一則的成功日記的內涵更加豐富。 最常見的就是，聚餐、聚會、旅行、活動的合照相片，當我們和親友聚會，同事一起完成活動，常常會有合照，這些充滿能量的相片非常適合放在成功日記中。

這本書後面要教大家的完整九宮格日記，中間一格是成功日記，其他外圍八個格子，也可以用來放置相片。 放在九宮格的相片比較小張，如果有特別精采重要的相片，可以放在每天日記的上方，就可以有三倍寬度的相片，充滿氣魄。

和愛因斯坦一樣喜歡圖像思考的朋友或喜歡塗鴉、畫畫的朋友，也可以把圖檔放在日記之中。

好朋友一起到 KTV 歡唱，錄製下來的影片，或其他語音、影像檔，都可以放入，在日後留下紀念。

有些人喜歡運用心智圖、索引卡、便利貼、塗鴉 App、九宮格、甚至投影片等，來整理自己的思緒，結構化思考，都可以把這些圖像思考擷取圖片，貼在日記之中。

「那我也可以放自拍囉？」小潔瞇著眼睛，做了個自拍的表情。「當然，selfie（自拍的英文）是一定要的。」我也開她玩笑。

有的時候，用相片或圖片更可以表現出日記要描述的想法，寫日記時，如果能夠搭配圖片，更可以展現當時的情境。 用 Evernote 這類工具來寫日記，最大的好處之一就是，可以輕易拖入（或 Copy/Paste）相片或圖片。 只是相片檔案龐大，Evernote 匯入幾張相片後，每月免費上傳量 60MB 或許不足，可以考慮付費，或用一些檔案降低檔案大小後匯入。

／ 練習連續 21 天寫成功日記

「小潔，我有個建議。」我不經意地提到：「希望你一開始寫成功日記，就堅持寫 21 天。」

「永錫老師，這也是我所希望的，想一次就把寫日記的習慣建立起來。」小潔說。

「對的，要把知識的層次建立起來，行動的層次要堅持下去，這樣才能知行合一，養成良好的習慣。」看到好學生，心裡面也很開心。

「那在這 21 天之內，我還要常常來問問題喔。」小潔很認真地說 「當然了，一旦開始，就不要放棄，共同學習才是學事情最好的方法。」我勉勵地說。

養成習慣，貴在堅持，也希望讀者立定決心，先以堅持 21 天寫成功日記不間斷為目標，這樣的益處是，能夠在 21 天內反覆學習寫日記的各種知識及方法，並有 21 天實踐的經驗直相互比較，把寫日記的能力建立起來。

寫成功日記的寬度、深度與多面性

「今天學了好多，我知道如何寫五條成功日記、正向思考方式寫日記的重要，還學到圖文並茂寫日記的方法，真的收穫良多。」小潔滿意地說。

「對呀，學會這些之後，基本上寫成功日記的方法就建立了，接下來就是精益求精，並且長期寫好日記。」我回答。

「寫日記不就是寫寫流水帳，抒發一下心情，讓自己正向思考嗎？」小潔好奇地問。

「其實，寫日記好處很多的，可以讓我們思考更加明確、做事有組織、寫作能力提高，更重要的是，讓我們覺察的能力提升。」我一點點地說明。學會寫成功日記，讓我們建立好寫日記的基礎，包括寬度、深度及多面性三個層面。

> ⇨ 每天寫五條日記，把一天當做一個整體，展現的是寬度。
> ⇨ 寫好正向的日記，寫出自己內在的感受，這是日記的深度。
> ⇨ 圖文兼具甚至多媒體的日記，照顧好邏輯的右腦，視覺的左腦，這是日記的多面性。

寫日記是時間管理的重要一部分，幫助我們做好每天的事情，並發展出更多的能力。記得前面提過的「言即肉身」（ kai ho logos sarx egeneto），希臘文中 logos 這個字是「秩序」和「規律」，接著，我們就來講講寫好成功日記的秩序與規律吧！

1-4

「L」養成日記習慣的時間與文字長度

　　「老師老師，我完成了！」過了一段時間後小潔來找我，歡呼到：「我堅持寫完 21 天的日記了。」「哇，太棒了，感覺如何？」我反問她。

　　「覺得對自己了解更深了些。」小潔說：「我還請自己去吃了一頓大餐，慶祝 21 天寫日記沒中斷呢！只是，有一個問題，這也是我前來請教老師的原因。」實踐後的提問，是學習的開始。

　　「有時寫成功日記，寫太久了啦！」小潔有點煩惱：「寫的時候，心情抒發，但是時間有限，寫不完，反而耽誤該做的事情。」

　　「那很簡單，只要你注意寫日記的時間長度（Length），還有寫日記的文字長度 (Length)，就可以改善囉！」我笑瞇瞇地說。

運用倒數計時器寫成功日記

　　一般而言，我是在早上寫日記的，沒有意外的話，基本上五分鐘就完成。

我設定了一個倒數計時器，準備好寫成功日記的時候，就按下五分鐘倒數。一面看著時間流逝，一面快速在鍵盤上打字，成功日記的五個段落（五個問題），如果不間斷的話，五分鐘之內可以完成。

大多數人會覺得五分鐘時間太短，那也可以設定十分鐘，重點是要在倒數計時的狀況下寫作。等寫日記的習慣養成，打字速度也變快，那時間就能夠慢慢縮短了。

我們寫日記時，會停下來回想昨天發生的事情，或查詢一下確認書寫的細節正確，這都可以，但是速度自然就減慢了。如果超過五分鐘一點點，我會給自己一些些時間，把成功日記的部分完成。如果想寫的會超出時間很多，但想要把日記寫得很豐富，早上時間也足夠，我會再給自己另外一個五分鐘，讓日記可以完成。

但是一般來說，我要求自己五分鐘就完成成功日記寫作。重點不是到底幾分鐘，而是有計時限制。

> **因為，只要寫日記耗費的時間短，那堅持的可能就能提昇。**

像小潔剛剛開始寫日記，能夠「長期持續寫日記」才是第一要務，時間短的習慣，就容易堅持。

倒數計時器的選擇

「永錫老師，這個用倒數計時器寫日記的方式好棒！」小潔說：「那你建議要用哪一種倒數計時器呢？」

「有很多工具可以選擇，最簡單就是用手機、不然實體倒數計時器，或者電腦上的App也可以。」我回答時，還晃晃手上的手機。

最簡單的方法就是使用手機上的倒數計時器，像是iPhone的「時鐘」，安卓手機也都有系統內建的倒數計時。好處是免費，而且隨身攜帶，但是缺點是，有時不能即時看到目前倒數剩下的時間。

第二種選擇就是買個實體的倒數計時器，大概幾百元，就應該可以買到不錯的。請把這個計時作為工作工具使用，固定放在自己寫日記的桌子上。

實體計時器最大的好處，就是即時看到離結束的時間還有多久，給自己一些急促感，促使寫日記的速度也得以提昇。而且長期使用後，看到計時器，就自動聯想到寫日記。

第三種選擇是購買電腦上的Apps，我現在用的是一個叫做「Focus」的倒數計時器App，通常是用來作番茄工作法倒數的，剛好輕易可以設定五分鐘的時間。

啟動倒數後，他就常駐在電腦的Menu bar，隨時都可以看得到，出差時，也不需要多帶東西，又可以使用番茄工作法來管理自己的工作。

其實不論使用哪一種倒數計時器來幫助自己，都可以大幅度提昇自己寫日記的速度，我會建議小潔一開始從手機來倒數計時開始，有需要時，才花錢採購其他種類的倒數計時器。

Focus for Mac 版本下載網址：http://bit.ly/focusmac

練習在一條簡訊長度清楚表達事情

「我還有一個困擾，五個段落的成功日記，每一段落要寫多少字比較合適？」小潔問道。

「我現在寫日記的速度，一個日記的段落大概 30 — 70 字，成功日記有五個段落，通常是兩百字上下。」我慢慢地說：「我寧可說，我們就想要寫一條簡訊的長度，一個段落就是一條訊息。」

一般而言，一個日記的段落大概 30 — 70 字，我們可以想像成一則簡訊（上限 70 個字），就是一個日記段落就是一則簡訊（和一則 Line 及 FB 訊息也類似）。

> 也就是說，寫日記讓我們練習，用固定長度，
> 把事情表達清楚，長久寫日記下來，
> 表達論點的能力也能夠因此增加。

其實，要用固定的長度，寫好一則日記是有挑戰的。所以，剛開始寫日記時，一定是寫寫停停的，不是打字速度的問題，一般人或許打字速度很快，但是缺乏的是檢視自己生活，還有把自己腦中想法形成文字的習慣。

因此在上一次碰面，我建議小潔，要先寫個 21 天，養成用文字說明發生的事情、描寫心中情感的能力，過了這個階段後，寫日記的速度增快，耗費時間就可以減少。

一開始，或許寫成功日記需要十分鐘甚至更長的時間，但是我希望小潔以五分鐘寫完成功日記（五段簡訊長度日記）為目標，努力看看。

寫成寫日記習慣的練習方法

有幾個方法可以幫助大家寫日記寫的更順利。

隨時先想想哪些事情值得寫到日記

坐到電腦之前，先想想要寫哪些事情到日記中，這樣就可以減少思考的時間，直接快速寫日記。

不是一定要寫完五則問題

寫不完五則日記也沒關係，寫日記重要的是長久堅持寫下去，寫不了五則，可以寫三則、四則，或另外找時間補寫，都是可以接受的。

利用工具來寫

在自己的手機及平板上安裝 Evernote 等筆記或日記 App，這樣子偶而漏寫，也可以把握時間，在平板及手機上補寫，如果習慣使用語音輸入的朋友，建議這時候可採取語音來寫日記，流暢度會比較好。

日本作家野口悠紀雄在「超」學習法一書提到，他把寫作 150 字左右的寫作長度稱為一個「細胞」，是最小的文字訊息傳達觀念。

我們若是能夠長期每天花五分鐘來寫日記，累積五段落形式的成功日記，如果每小段是 30 — 70 字（簡訊長度），不正是一種很棒的寫作練習，訓練我們用文字訊息釐清想法。

現代人寫 FB、文案的機會越來越多，用寫日記來訓練文筆，累積素材也是很好的方法喔！

1-5

「O」把日記和計畫組織成一個閉環

「我要請你喝咖啡，永錫老師！」小潔一看到我，就拿著一杯星巴克咖啡在手上晃，開心地和我打招呼：「我又堅持了 21 天，又有兩個疑問，要好好問問你。」

「不用，客氣啦，寫日記需要堅持，過程中難免有些疑問，今天要問什麼呢？」我也不客氣，拿了咖啡，坐了下來。

「第一個問題是，我發現寫完日記，好像可以和每日計畫結合起來耶！這樣可以節省我大量的時間。」小潔拿出準備好的便利貼，念出她要請教的問題。「第二個問題是，我寫日記後，我店裡面的同仁發現我工作起來心情及效率都變好，就和我討論起來，後來他們也想開始寫日記，我就和他們說，我先來問問永錫老師吧！不要急。」小潔一口氣說完兩個問題。

「剛好這兩個問題，都和『組織』這個字有關」我瞇瞇地笑著：「第一個問題，是動詞的『組織』(Organize)，寫日記和每日計畫這兩個動作，天生就是一對，結合起來，你的時間管理系統就組織起來了。」

「寫日記也和時間管理有關？」小潔眼睛一亮：「那真的太好了，第二個問題呢？」

「同仁想要和你一樣一起寫日記，這就是『組織』（Organization）裡的溝通，如果真能這樣，整個公司的工作默契會更好呢！」我用「組織」這個名詞，先做簡單的回答：「你有時間嗎？這兩個概念要講一下子呢。」

「當然有了！」她晃一晃手上自己的咖啡杯：「不然怎麼會帶著咖啡來找你呢？」

把寫日記、日計畫兩件事組織起來

寫這本書之前，我看了看這十年的日記，發現了一個有趣的地方。我在開始寫了日記三個月後，新增了一個欄位：「每日計畫」。可能那時候我就發現了：

> **把日記和每日計畫『組織』（ Organize ）
> 在一起，就架構了一個很小的時間管理系統。**

到了十年後的今天，每天早上我會先用倒數計時器設定五分鐘，快速寫完日記，接著用很短的時間，寫出今天的每日計畫。

我發現，我們的每一天都相互有些關係，有時候是前一天的專案沒有完成，今天繼續；有時候是前一天的行動完成，但是緊接著下一步行動就跑了出來。

兩個習慣就像各自是一個半圓，組織（Orgainze）起來，就是一個完整的圓（O），也就是說，這兩個習慣結合，可以產生更大的力量。

> **把日記（做了什麼？）與計畫（準備做什麼？）結合，就構成完整的圓。**

「哇，這和我的感覺一模一樣耶！」小潔聽著我的經歷入神了：「我也是寫了幾天日記，就會想到應該把每日計畫做好。」

「對呀！寫日記是為了創造更多幸福的，我們一邊寫日記，一邊就在思考，今天做事的結果（Outcome），可以達成我們的長期或短期的目標（Object）嗎？這樣想久了，我們大腦就越來越有組織（Organized）了。」我用三個 O 開頭的英文字，介紹寫日記對自己的好處。

寫日記不僅對個人，對組織也有好處

「永錫老師，那你是不是和我一樣，發現了寫日記，對於企業的生產力是有幫助的。」小潔拋出了第二個問題。

「對呀，不過你比我聰明，這件事我是寫了八年的日記後，才發現的。」我也笑臉回覆她。

我當了時間管理講師後，慢慢有了進入商業公司演講的機會，當時想的很簡單，就把時間管理的行動清單、清空收件匣、番茄工作法等很好的理論，搭配公司使用的各種工具（或統一的工具），這樣就能夠做好時間管理了。

但後來我發現，這是錯的。

其實，大部分的人都對時間管理沒興趣，企業裡面也沒時間學複雜的方法，你說請他們看書學習，很抱歉，我有許多優秀的客戶，他們是從來不看書的。

我嘗試了很多手法、理論、工具，終於才找到教導企業或組織最好的時間管理方法，就是教他們「每日計畫＋寫日記」，而我也陪伴他們每日計畫＋寫日記，並解決其中產生層出不窮的各種問題。

為什麼這樣會有用處？

公司同仁每天看彼此每日計畫，就類似敏捷開發中的每日立會。彼此了解各自今天的重點，也提出需要挑戰的地方。

公司成員相互看日記，了解工作團隊夥伴一天的狀況，讓整個團隊默契更好。

兩個習慣連結在一起，組織的時間管理能力也跟著提昇。

／用日記檢討三種工作

> **攀上頂峰不是靠奇招，**
> **而是熟能生巧的基本招式。**
> ——《學習的王道》，作者 *Josh Waitzkin*

「哇，永錫老師，突然我覺得，我可以用你說的概念，不只讓我，甚至讓我的團隊時間管理更上層樓。」小潔說。

「是的，一個人學習時間管理，是自律，比較困難。」我解釋：

「一群人一起做時間管理，是協作，你是領導者，進步會更大。」

「嗯，我決定要堅持寫日記，還要進一步提昇我們團隊的能力。」小潔幾家店裡，有十幾個員工，身為老闆，學習力要非常強。

「好，我們接下來解釋一個概念，以工作的角度而言，一整天的時間是如何組織起來的？這和我們寫日記又有什麼關係呢？」我開始講解每日計畫和日記的關係。

以工作的角度而言，一日會有三種形式的工作，這個概念叫做「工作三重性」。

第一種工作，就是按照表定的工作來做，這是一般每日計畫的內容，也就是找出每天青蛙（最重要的事情）努力推進。

第二種工作，是突發狀況，雖然訂了計畫，但是總有許多突發狀況出現，需要花時間處理。

第三種工作，是思考的時間，每天我們寫日記，訂定計畫的時間，或理清自己近期任務的時候，就是這段時間，思考時間多，做事情品質也得以提昇。

而寫日記對於「工作三重性」這三種工作的品質，都能有效的提升。

▋ 用日記檢討表定工作

首先，用日記檢討預定的工作，我們可以記錄完成事情的成就感，做事過程中有趣、有感受的事情。在寫日記的過程，等於幫助自己磨合規劃和執行兩個能力。

▌ 用日記檢討突發工作

其次，突發狀況的日記，檢討為何會發生突發狀況？或確認自己是否把問題解決了？若同樣的事情再一次發生，我會採取同樣方式來處理嗎？

▌ 用日記檢討自己的系統

最後，針對維護時間管理系統的思考，包含各種習慣堅持的狀況、時間分配能力，每天思考自己有沒有可以改進的地方，或者可以嘗試的創意新點子。

╱ 畫更小的圓

當我們寫日記的時候，針對工作三重性加以檢討，剛剛講到我們每日日記和每日計畫各是半個圓，如果功夫下得深，組合起來的圓（O），就可以越畫越小，耗時越少，效力越大，這個概念叫做「畫更小的圓」（O）。

「畫更小的圓」概念出自《學習的王道》一書，作者 Josh Waitzkin 是西洋棋及太極拳高手。他從這兩個一靜一動技能學習到體悟是，應該把整套招式拆成幾個小動作，反覆練習精鍊，直到掌握精髓，把所有步驟順暢融合，才能磨好基本功。

每天寫下日記及列出計畫，看似簡單，但是磨練好扎實的技術，就能產生許多生產力、創意及讓人羨慕不已的能力。

╱ 團隊組織行動後的檢視（AAR）

「畫更小的圓，好棒的概念，我也要長期寫日記和做好每日計畫，打磨好基本功。」小潔握緊拳頭，好像要增強她的自信心一般。「就以寫一年的日記為目標開始吧！」我鼓勵她。

小潔接受挑戰，一面說出自己的期望：「接著，永錫老師，剛剛講工作三重性，比較偏個人，你可不可以講講，公司或組織寫日記及每日計畫的好處呢？」

「當然沒問題！」我在白紙上寫下幾點，和小潔解釋起來。一個組織成員若每天會關注彼此每日計畫及日記，會有以下的優點。

▌幫助團隊反思：

一般的公司都是開週會，但是每日計畫及日記的單位是天，彼此關注及檢視團隊的頻率增加了。可以利用 LINE 或即時通工具，來共享大家的每日計畫與日記。

▌讓內向者發聲：

文字表述，讓比較內向的同仁，可以透過 Line 或 FB 的群組，發表想法，創造更友善團隊氛圍。

▌促成團隊學習：

每日計畫及日記要落地到第一線同仁都能學得會，讓管理階層和第一線同仁用一樣的方式傳遞訊息。團隊能藉著長期閱讀彼此的日記，持續學習。

這種組織每天完成工作後檢討的方式，也和美國陸軍採用的AAR（Action After Review，行動後檢視）的方式類似。美國陸軍不管是訓練還是真正作戰後，所有的士兵及軍官要一起討論這次行動的得失（甚至最好在現場）。在這個階段，每個人不論職位，都可以發言，甚至下級可以說出上級的錯誤。

AAR，是種幫助組織做好行動反思及學習的機制，最後可以提昇專案的執行能力，每日計畫及日記也有類似的作用。

反之，組織如果只是持續行動，不懂得檢視，人則會被環境率著走的。

╱ 寫日記，組成閉環

「我慢慢體會老師為什麼用英文字母 O，來比喻寫日記和每日計畫兩者的工具。」小潔左手及右手各比一個半圓並合在一起：「每日計畫後的行動，就是第一個半圓，而行動後檢視的寫日記，就是第二個半圓，檢視完，就繼續計畫，繼續採取行動，循環不已。對了，還要畫更小的圓。」

「對的，這樣子個人及團隊的組織（Organize）力，就能不斷地加強。」我回答。

> **"**
> **每天計畫、寫日記兩個半圓組成的這個「O」，我叫做閉環（Close Loop），就是運轉不息的迴圈，透過循環讓行動不斷成長。**
> **"**

而我希望，這樣一個小行動，可以永遠的運行。因此，動作一定要夠小夠快，寫日記五分鐘，規劃計畫五分鐘。因此，一定要領導者帶領團隊落地執行，領導者越認真，效果越好。

　　這樣不論是每天和客戶及重要人物對話的檢視、突發事件的處理、記錄內心感受、寫下執行結果的紀錄，都可以一一記錄，透過自己定期檢視，或團隊彼此閱讀記錄，讓時間管理能力增強。

　　畫更小的圓，我們一起加油！

1-6

「Ｗ」檢視日記幫我們增加人生可能性

半年過去，我和小潔各自忙碌，也聽到小潔與公司伙伴努力打拼的戰績。某一天的下午，突然看到小潔要把手上所有店鋪全數賣掉的消息，身邊的朋友都非常驚訝。

後來，聽說小潔有大於三公分的乳房腫塊，需要開刀，天呀！她的孩子才一歲多，我們都不敢主動聯絡小潔，直到她發了一篇到 Line 裡面，我們才知道詳情，她也將在幾天後到大型醫院接受手術。

又過了一陣子，小潔 Line 給我和太太，找我們吃晚餐，這天，才真正見到小潔。

「永錫老師，不好意思，讓你擔心了。」小潔還是一樣，非常有禮貌，我看她的臉色紅通通的，擔心總算放下來。

「手術後恢復的狀況還好嗎？」我關心的問著

「送進了醫院，經過手術確認是良性腫塊，雖然是這樣，因為直徑比較大，醫生還是切除腫塊。」小潔一副心有餘悸地說：「躺在

醫院，想起永錫老師教我寫晨間日記，在發現腫塊的這段日子，我每天都在成功日記中，寫很多文章，貼上很多相片。」「你知道，我好怕....」小潔的聲音越來越小。

「但是我相信，我可以運動、注意飲食、看正向的書籍、和孩子煮好吃的菜。」小潔聲音越來越大，眼角有些濕潤，我和太太也是：「我把這些事情，都寫到日記裡。」

「對呀，你好棒，看（Watch）見你生命重最重要的人及事情，之後採取行動。」我回答。

「這都是老師教的呀！有這些習慣，我才能定下心來，才能看（Watch）自己的內心。」小潔慢慢地、沈靜地說「我在日記裡還寫了一段話：「『生命的快，我們要追逐。生命的慢，有時要等待。等一下的目的，是讓靈魂跟上來。』我用這段話告訴自己，我一定可以從這經歷學會很多。」

個人或團隊的每日日記

「還有要感謝永錫老師的教學。」小潔急著說：「我們用滴答清單，每天吃青蛙和寫工作日記，在開刀前，就已經打卡半年了，而這半年中，我看到（Watch）同仁許多改變。」

「老實說，開刀前我心情已經很不好，也決定不管結果如何，我都要把店全數賣掉，回家養身體及照顧家人。」小潔幽幽地說。「但是我的同仁，反而每天更認真工作，並且打卡及寫日記。讓我在開刀、住院休養及回家條理的這段時間，能夠透過 Line 知道訊息，我看（Watch）到大家，成為一個默契更好，戰力越強的團隊，我不在的 10 天，業績沒有後退，居然還略超過我在店裡的時候。」小潔低著頭，彷彿在回想在醫院看著手機熱淚盈框的時候。

「我知道，沒有滴答清單，沒有團隊養成寫日記的習慣，這一切都是不可能的。」小潔含淚的眼睛抬起來，看著我。而健談的我，突然之間不知道說什麼，突然一下子整個房間都沈默了下來。

　　其實，企業團隊寫日記，並不是記錄流水帳，而是寫出對事情的檢討，並且讓團隊看到。

　　我教導小潔有三點，第一點是運用工具，第二及三點是把行動操練成習慣。

　　第一點是一個統一的工具，中小型團隊想要有流暢的訊息流溝通，一定要有一個統一的工具，並且有一致的溝通模式。我介紹給小潔的滴答清單，簡單、免費、高效、迭代快速，所以團隊就算擴大，訓練新成員的速度非常快，

　　第二點，小潔要養成每天寫日記的習慣，並檢討昨天列出的青蛙及蝌蚪，最後抓出明天的青蛙。在微型公司，老闆養成習慣以身作則，同仁就不敢怠惰。

　　目標持續半年以上，就變成習慣，就像是跑全程馬拉松，非常不容易，必須伙伴們相互鼓勵，半年後，就把整個團隊帶起來。

　　第三點，小潔要機動調整一些原則，促成員工全數發日記、更重要彼此看對方日記

> ⇨ 字數限制：一日日記儘量在 150 字內，只檢討一件事情。
> ⇨ 值日生：每週有值日生，督導及幫同仁加油。
> ⇨ 賞罰制度：小潔提供一筆基金，由值日生每週選一位優秀同仁，發獎金；選出一位最懶惰同仁，要請大家吃豆花。
> ⇨ 因為公司永遠不會停止運轉，一旦啟動打卡及寫日記，除非離職，不然就不能停止。

小潔的公司非常不簡單，第一，是小潔的身先士卒，她擁有創業者的精神，一旦決定執行，就貫徹到底。第二，公司擁有優秀的員工，願意為了公司的運作，認真打卡及寫日記。

但是，小潔也能從同仁寫日記的字裡行間，瞭解員工的優秀及辛苦，還有體貼她的真心，在創業的路上，擁有一個卓越及友愛的團隊，真心不換。

「永錫老師，真的很感謝你，就是有這套系統，讓我在醫院或期待時間，都感受到我們同仁的努力。」小潔又把眼睛轉向我「而且，同仁每天看(Watch)彼此日記，更像一個 Team，也讓我更有信心。」

我眼眶有點濕濕的，眼睛又垂下來不敢看小潔的眼睛，一瞬間，房間突然沒有聲音了。

日記不只寫，還要每週檢視

還是等到小潔開口說話，才打破了尷尬的寂寞。「老師，你知道嗎？後來我沒有賣店了。」突然間小潔笑了出來，因為她看到我驚訝的表情。

「我不知道耶，真的是太好了。」我說道。

「其實有十個不同的團隊和我談，有的財力不錯，有的夫妻一起來做，本來，我都想選擇由四個貴婦組成的那個團隊了。」小潔幽幽的說：「那個時候，我的心理真的好煎熬，我相信這些團隊確實都有本領經營好這家店，也會和我一樣全心付出，甚至可以照顧好員工 .... 」

我靜靜地等待小潔說話。突然間，小潔拿出手帕，迅速地擦乾眼淚，又收了回去，回到堅毅的表情。

「但是，我想到這些同仁，已經親如姊妹，而我 ... 」小潔突然變得很篤定：「經過了這次事件，和永錫老師教給我的絕招，還有這陣子的努力練習，我有把握，把這家公司帶領到另一個境界。永錫老師，從我寫日記開始，你就提到每週檢視（Watch），就是這個每週檢視，讓我決定繼續經營企業，想到未來的方向，對我及公司的幫助太大了。」

我教給小潔的每週檢視是簡易版的，也非常簡單，大概 10-15 分鐘內就可以完成。步驟如下。

> ⇨ **每天寫成功日記：**簡易版每週檢視的內容就是每天寫的日記。
>
> ⇨ **每週檢視一次：**找每週固定的一天把日記看一遍，像我週五上午都有一個團隊會議，我會在週四晚上或週五一早把日記看一遍，擬定報告事項。

小潔因為每週檢視，下了重新回來經營企業，以及找出未來願景兩個大的決定。真讓人佩服，這也讓我們看到養成好習慣的重要性，真是感謝小潔呢！

半年檢視的看見

「老師，我還有一件事情要謝謝你。」小潔衷心說：「在病院的時候，我仔細看看 (Watch) 這半年多來我寫的工作日記，有許多的體會。」

「真的嗎？你要不要講講看。」我很好奇小潔的體會是什麼。

「我發現，這半年寫日記時，除了紀錄我和老公及姐姐的對話外，我最常和一位資深店長深聊，遠遠超過了和其他同仁一對一對話的時間，這是檢視日記時才發現的。」小潔停了一下，繼續說：「日記中也記錄了她對公司及店裡許多的建議，半年後來看，證實她的判斷大部分都很正確，證實她不僅做事踏實，觀察力很敏銳。」

「那你有什麼想法呢？」我悄悄地引導一下她的想法向下一步行動走。

「我想把一些股份分出來，讓她入股，她一定可以成為公司很棒的伙伴的。」小潔很有信心地說：「永錫老師，說真的，要不是寫日記，我可能不會發現這位店長對公司如此重要。」

「小潔，其實你是在不知不覺中做了時間管理中『半年檢視』(Watch) 的工作。」我看著小潔，不知道她是否看出我眼中閃著讚賞的光芒。

我從 2006 年開始寫日記，半年後，就開始半年檢視，這個習慣已經超過十年。幫助我最大的就是，讓我能夠用系統的方法，做完

半年後，接著就能夠設計未來半年的人生目標。

做半年檢視的方法，只有三個步驟

> ⇨ 半年一次，檢視過去半年的日記與專案。
> ⇨ 閱讀日記，對其中尚未處理的雜事加工成清單。
> ⇨ 透過日記對過去目標修訂，調整新計畫。

小潔就是在檢視自己將近一年來寫的日記後，決定修改自己賣掉所有店面的計劃，只售出 1 間，並且思考讓優秀員工成為合夥人。

真的很開心，小潔因為長期寫成功日記，對人生有這麼大的體驗和幫助。

一般人傳統的認知是，寫成功日記，就是讓自己有所紀錄。然而我的體會是：

" 寫日記是讓我們增加人生更多可能性，
追求夠有意義的夢想。 "

因此，除了每日寫日記外，可以再做每週檢視（Watch）及半年檢視，就像小潔一樣，在人生轉捩點，可以做出更好的決定。

第
・
二
・
部

覆盤的技術：
每日九宮格自我檢視

2-1

用未來日記寫出
九宮格年度目標

「永錫老師，上你的課程，我最震撼的橋段就是用『寫日記』來設立『年度目標』的部份。」L同學在某場演講後，興奮地來和我說。

「哈哈，很開心對你產生正面的影響，我也很喜歡這個橋段，在一個小時內，把自己的反思寫成未來日記，並進而完成年度計畫，確實很有意義。」這些年來，越來越多同學和我碰面時，和我說起設立長期目標對他們人生的影響。

「老師，這套九宮格覆盤日記的系統，讓我現在每天寫完日記，就可以對照自己的年度計畫，要是發現前一天的所作所為，能和年度目標連結，就會很開心。」L同學說。

我進一步追問：「你是不是偶爾會因此寫了更多日記，並在接下來的一天，刻意練習，讓自己的行動更符合年度計畫？」

「對耶！老師，你和我一樣喔！這樣寫日記，覺得好過癮，覺得每天寫日記是件很幸福的事情。」L同學聲音拉高，興奮了起來。

「嗯，繼續加油，等寫滿了 365 天，設定下一年年度目標時，你就可以一面看著日記，一面寫下明年目標的細節，你更能夠感受到寫日記的威力。」我好像回到十幾年前，一面閱讀整年日記，一面接著設立年度目標，手顫抖到筆都掉下，還在空氣中書寫，那種特別的喜悅感覺。

「覆盤」是圍棋的術語，下完圍棋後，雙方把剛剛的棋譜重新擺一遍，作為檢討，也是為了未來的精進。看到過去，更著眼未來。

而人生中的覆盤技術，不只是寫日記的技術，也是做計畫的技術，我帶領數千人做過年度計畫、五年願景，後來和許多的學員討論，我發現兩個很明顯的事情：

"
首先，長期的計畫成功率，
比大多數人想像的高。
其次，這些成功完成計畫的人，
幾乎都有寫日記的習慣。
"

於是，我研究設定目標的技術，慢慢發展出藉由引導問句，想像自己身處未來，接著寫下未來日記，最後設定目標的結果圖像，幾個步驟整合在一起的手法。試試看，我相信，你會有和 L 君一樣的感受，覺得能夠寫日記，是一件幸福的事情。

打怪道具的準備

開始利用日記設計年度目標前，我們先要準備一些打怪的道具，在實體授課的課堂中，我們有 A3 大小的九宮格日記範本、引導問句及預期結果卡片，我們也把這些設計年度計畫的道具，設計到書中。

但是還有一些是要讀者準備的，首先是筆，還有一疊便利貼（20張以上）。

接著，請翻到書上最後一頁「拉頁」裡的「九宮格引導日記範本」，用來貼這些日記便利貼。在九宮格日記範本上，你會看到八個不同領域的引導問句，這是教你如何寫出未來日記。

最後，下載一張「空白年度目標九宮格」（請看下方說明），作為你的年度計畫設計底本。

先檢查一下這些道具，接著，我們就要開始寫日記並設計年度計畫。

你可以在此下載空白九宮格年度目標 A4 版本，寫出你自己的計畫：http://bit.ly/slow201901

妳可以在此下載本書其他範本：http://bit.ly/slow2019

兩個階段：寫未來日記和寫年度目標

寫日記設計年度計畫分成兩大階段。

第一階段，透過本書最後一頁拉頁的「九宮格引導日記範本」，通過引導問句，在空白便利貼寫下「你自己」對該領域的預期結果，及兩至三則未來日記。

第二階段是參考便利貼寫下的預期結果及日記，最後到你下載的「空白年度目標九宮格」中，寫出每個領域的年度目標。

如何練習寫未來日記？

第一階段寫未來日記，又分為三個步驟。

第一步，從 A. 健康（Health）領域開始，共有八個領域要思考，先閱讀範本上引導的問句，思考一下，寫出你自己針對該領域的年度預期結果。

第二步，「想像」你開始執行該領域的目標，寫下兩、三則這個領域的未來日記到便利貼上。（未來日記，就是想像出來的，如果這樣做，你會覺得幸福有成就感的日記。）

第三步，把每個領域的「預期結果」＋「未來日記」便利貼，貼到書中最後一頁拉頁的「九宮格引導日記範本」，覆蓋每一格原本的範本內容，成為你自己的「未來想像圖」。

大概需要一小時的時間來完成回答問題，想像未來日記，請找個安靜的地方或是咖啡館，開始進行。

下面是九宮格年度計畫的八個領域，以及引導問句試做的範例。

這是我的範例，也請你改寫成你自己的版本。

A. 健康（Health）領域：

⇨ **引導問句**

一年之後，你希望健康狀況到達什麼層次？如何達成？

⇨ **預期結果**

藉由每週打羽毛球並搭配飲食控制，體重達到 78 公斤。

⇨ **未來日記**

1. 一早去民生羽毛球場打羽毛球，打了三場全場。

2. 健身房做重量訓練，用器械讓身體流汗是很重要的。

B. 工作（Business）領域：

⇨ **引導問句：**

你希望在工作的領域可以提高到什麼層次？如何採取下一步行動？

⇨ **期待結果**

藉由學習，改善自己能力，成為經理層級。

⇨ **未來日記**

1. 參加專業相關的研討會，聽了三場的演講，收穫很多。

2. 與大學同學請教職涯規劃，決定要先優先學好英語。

C. 財務（Finance）領域：

⇨ **引導問句**

你對金錢相關事務的長期看法？你有什麼資產管理計畫？

⇨ **期待結果**

為家裡買一台新車。

⇨ **未來日記**

1. 和業務李先生討論買新車無息分期貸款的相關事項。

2. 今天晚上檢視這個月的記賬收支及資產負債表。

D. 家庭（Family）領域：

⇨ **引導問句**

你希望和你的家人一起做些什麼，或為他們做什麼？

⇨ **期待結果**

和家人發展更深的關係

⇨ **未來日記**

1. 晚上老婆討論美西 7 日游的旅館相關事宜，並在網上訂購兩夜西雅圖民宿。

2. 和弟弟到夜店喝酒，溝通溝通，彼此暸解。

3. 幫助老二解決電玩帳號的問題，我們一起聯絡電玩公司的客服人員，和他對話，花兩分鐘就解決問題。

E. 公益（Society）及社交（Social）領域：

⇨ **引導問句**

你希望為社區做哪些事情？你想和哪些親朋友一起做哪些事情？

⇨ **期待結果**

承擔起好人際影響範圍的角色責任，做個好人（Be a good man）。

⇨ **未來日記**

1. 全家出動參與大安海水浴場淨灘活動，曬了一天的太陽，但覺得很有價值。

2. 到孩子小學去擔任交通義工，協助小孩子們安全過馬路。

3. 接待上海來的好友張玉新，逛了民生社區的富錦樹，居然巧遇 Tammy，後來和玉新坐下來喝杯咖啡，談得相當盡興。

F. 內在（Personal）領域：

⇨ **引導問句**

你如何拓展生命中的可能性？你想建立哪些好習慣？

⇨ **期待結果**

心境更平和。

⇨ **未來日記**

1. 早上 7 點鐘起床並靜坐 20 分鐘。

2. 全家一起去溪頭走走。

3. 閱讀《不成功，因為你太快》20 分鐘，持續早起寫日記。

G. 學習（Study）領域：

⇨ **引導問句**

你想要學習什麼？如何實踐這些技能來擁有值得的人生？

⇨ **期待結果**

多益測驗（TOEIC）九百分。

⇨ **未來日記**

1. 到台北出差入住青年旅館，認識來自日本及舊金山的朋友一起喝酒，一面用英文聊三地的文化。

2. 看梅莉史翠普的電影搖滾女王 (Ricki And The Flash)，不看文字幕訓練聽力。

H. 休閒（Leisure）領域：

⇨ **引導問句**

你想做哪些有趣的事情？和哪些人一起做？如何做？

⇨ **期待結果**

參加油畫課程並畫出三幅油畫。

⇨ **未來日記**

1. 今天和好友 James 一起報名參加網路油畫課程，並且決定下週五兩人聚會，相互交流。

2. 參觀台中美術館特展 " 關鍵幹旋 "。

3. 自己到台中一中旁美術館採購基本油畫畫具，買了油畫顏料，畫筆，調色盤，不需要和畫友借用，真開心。

好了，辛苦大家！把你自己重新填寫好的八張便利貼，貼到本書最後拉頁的「九宮格引導日記範本」，想像一下，如果未來真的這樣寫日記，真的做到這些事情，是不是覺得自己即將擁有一個豐富的人生呢？

／ 如何設定明年度八大領域目標？

> **寫出未來日記，讓我們對未來的自己**
> **有具體的想像，知道自己想要達到什麼願景，**
> **這時候，我們才能有效地建立真正的年度目標。**

第二階段，是寫下自己的年度目標，並且和我們的未來日記相互連結，有幾個步驟。

第一步，是閱讀剛剛自己所寫的八領域未來日記（每個領域至少一張便利貼），如果在這個時候想到新的未來日記，也可以在這個時候多加一張便利貼進去。（如果是和團隊一起來設定年度目標的話，在這個階段可以讓大家彼此閱讀彼此的未來日記，相互瞭解彼此想法。）

第二步，下載本書的「空白年度目標九宮格」（http://bit.ly/slow2019），在空白的年度目標九宮格模板上，寫下自己的八大領域年度目標。

關鍵是從閱讀前面自己寫下來的預期結果、未來日記，去設定要為自己訂立什麼樣的目標？

F	內在	C	財務	G	學習
	* 呼吸、靜坐、拉伸、氣功 * 心理諮商 * 獨處 * 接近大自然		* 年度的重大財務計畫，出國旅行、購買新車、購買房屋、新建／整修房屋 * 投資股票公司或不動產 * 資產負債表：貸款、現金流 * 帳單 * 保險		* 完成碩士／博士論文 * 通過考試(職業證照、語文檢定) * 閱讀計畫 * 參加研討會
B	工作		年度計畫設立檢核表	D	學習
	* 攻讀學位或參加研討會 * 和教練互動 * 更換工作／出差計畫 * 拓展事業新領域 * 年度會議及長期戰略會議 * 銷售目標達成計畫 * 團隊建立				* 家庭活動(和伴侶、孩子、長輩、親戚等) * 旅遊、聚餐 * 人生重要階段(大考、結婚、告別式)
E	社交／公益	A	健康	H	休閒
	* 和鄰居／鄰里的互動 * 社會公益團體 * 學校義工 * 實體社交／虛擬網路互動 * 和很久不見的朋友相見		* 諮詢醫生：牙醫、物理治療師 * 運動：健身房、球類、游泳、跑步、自行車、鐵人三項等 * 飲食控制／減肥 * 睡眠		* 閱讀、音樂、電影、旅遊、拜訪親友、攝影、運動、烹飪、藝文活動、興趣嗜好等 * 接近大自然

　　現在，我們已經完成了年度目標的規劃，如果你計算時間，第二階段應該耗時不到一個小時。這種引導自己設定目標的方式，可以年復一年地使用，不同的是明年此時，你已經寫好了365天的日記，相信這些日記會引導你設定出更加合乎自己需求的年度計畫，這樣子，你是不是很期待寫滿一年日記的日子呢？

／ 每天都是往目標前進的練習

最後，你可以把自己完成的年度目標九宮格帶在身上，或是轉存入你慣用的數位工具中，並且：

> **寫完每天的 SLOW 日記後，**
> **可以直接參照年度目標，**
> **看看自己是否往某個領域的目標**
> **前進了一小步。**

我常常在寫日記時發現，看似平凡無奇的一天，寫日記的時候才發覺，自己竟然往某個領域（例如家庭，幫孩子解決一個電玩帳號登入問題，或公益／社交，和好友無意逛了一個文青區域，喝了杯好咖啡），推進了一小步，心中就會充滿驚喜及幸福。

我很喜歡陳綺貞的一首歌「每天都是一種練習」，這是一首她寫給外婆的歌，有一段歌詞是我最喜歡的：

我被恐懼深深的囚禁
我沒有力氣逃出去
每天都是一種練習
用今天換走過去
每天都是新的練習
用明天換走失去的

我小時候很膽小，是很沒有自信的人，經過每天每天的練習，期待成為更好的人。寫日記覆盤，就是讓我更好的工具，不論是記錄各種感受（恐懼、憤怒、迷惘、歡愉），或是和身邊的人的互動（雙親、情人、另一半、小孩、寵物、知己、自己）、工作及休閒中的各種經歷，都可以寫在日記之中，加上對目標的關注，去寫下和目標相關的日記，去做和目標相關的行動，這是我每天的練習。

大學一開始的紙本日記，當兵階段讓同僚傳閱，出社會後開始用 MS Excel 寫九宮格日記，後來又用 Evernote 寫日記，二十多年一天又一天寫日記，做人生一週、一年、十年的規劃，人生練習的刻痕，一筆筆地記錄在日記之中。

> **覆盤，就是在檢討自己的生活，**
> **察覺自己是否往自己所期望的結果邁進。**

覆盤的技術，就是用長期驗證後的方法，幫助我們檢討做過的事情，寫成日記，進而推動人生的計畫。

我們剛剛學習了用寫未來日記的方式來設定年度目標，在本書一開始，則和大家討論了一則日記的 SLOW 法則。

接下來，我想深入討論「什麼是日記的內容？」，也就是對九宮格的人生八個領域，進行更深入的了解。就讓我們繼續本書的旅程吧！

2-2

健康的檢視：食、動、靜

　　健康是九宮格年度目標、未來日記的第一個方格，我將健康，分成食（吃東西）、動（運動狀況）、靜（靜心、休息或睡眠狀況）三個項目。

　　食：可以記錄這天吃了什麼，美食也好，健康食物也好，長期記錄。

　　動：我最常做的是打羽毛球，目前有私人教練課，也參加球隊，如果有機會也騎腳踏車或走路。

　　靜：我會參加靜坐的團體練習，每天午睡一下，也會注意晚上睡眠品質。

　　目前我四十七歲，去年（2017）上半年，我因為個人的因素在台中榮總住院將近兩個月，深深感受到健康的重要。這一篇文章，是我重新檢視這半年有關健康領域的日記，看看我對健康的檢視，也期待對朋友們有所助益。

／ 食：用生命的長度，守護著對健康的尊敬

這一天，老婆看天氣正好，約我出去走走，於是我們開車，到了位於三義山上的綠葉方舟，走在森林中，欣賞美麗的山茶花，中午時刻，到了他們的餐廳，我點了海鮮墨魚麵，老婆點了養生小火鍋。

「你吃點我養生鍋裡的蔬菜吧！」老婆和我說。「可是我剛剛吃飽了我的墨魚麵，最近變胖了，不要啦！」我還是怕自己太胖，不想吃太多。「蔬菜和菇類是沒有熱量的，你多吃點，增加纖維素，對身體有益。」老婆以前考過學士後中醫的考試，雖沒考上，卻是我們家裡最重視飲食健康的一個。

我乖乖吃著蔬菜，在台中榮總住院的時候，吃的選擇有兩種，一個營養師調配的醫生餐，一個是一天好幾十顆的藥，比起來，這裡的食物裝滿的是老婆的愛。

「等下離開以後，我們去找 Wendy 好不好？我想要買一些他們的油。」老婆問著，Wendy 是我們的好朋友，開了一家「細粒籽油工房」，用「冷壓」製程、小量生產，努力做出對人們健康真正有益的油。

「好呀，找久沒見到她了，應該趁著過年時間去走走。」雖然 Wendy 是我們社區的鄰居，開的店也是騎五分鐘腳踏車可到，但是大家都忙，就算是想聊，也老是沒碰到面。

台灣最大的好處是到哪裡都不遠，從綠葉方舟，到細粒籽油工房，Google 地圖導航告訴我們要 36 分鐘。

到了細粒籽油工房，立刻聽到一聲招呼：「永錫、Clare 你們來了，好久不見，先喝杯茶。」Wendy 講話非常溫柔，整個店裡面充滿油香，小時候帶油瓶去油行打油的記憶，一瞬間浮現上來。

Wendy 拿著小湯匙，從大油罐中倒出苦茶油，還沒喝到，撲鼻的天然香氣，就有好幸福的感覺，一面喝著油，一面 Wendy 幫我們解釋。

「我們想做出對人們健康真正有益的油。」Wendy 摸著裝著苦茶油的瓶子，說著她創業這六年來的理念：「民國 60-70 年沙拉油出現了，工業製造的油品用大豆為原料，耐放、便宜、多次油炸也沒問題，唯一的缺點是，油裡面的養分，也不見了。」

「對呀！小時候不知道，自己當媽媽煮飯，就不希望自己的孩子吃下用沙拉油炒的菜，也減少油炸的料理方式。」老婆也回應 Wendy，之前老婆作童裝創業，兩個人相互勉勵，早就變成好朋友：「我們過幾天要到重慶出差，我想要帶台灣的苦茶油和芝麻油送給內地的朋友。」

「太謝謝了！」Wendy 回答。

我突然想起剛剛看到「細粒籽油工房」宣傳的文案：「細粒籽，落土間，拓葉又散枝，毋驚風，毋驚雨，也會出頭天。」

我看這個這段文字，看看 Wendy，突然很感恩，這片土地，養我們育我們，但要從土地，到我們家裡面的廚房，到我們的嘴中，有農夫的辛勤，有 Wendy 這樣製油者的努力，要「毋驚風，毋驚雨」，用生命的長度，守護著對「健康」的價值的尊敬。

我不禁感恩了起來 ...

動：蹣跚到快樂的羽毛球之路

老婆和我說老二的眼鏡有點問題。「眼鏡的鼻墊掉了。」老婆說：「到君麟那邊修理一下吧！」「剛好，我也要拿些羽毛球的握把布給他。」本來週四打羽毛球時要拿給他的，後來忘記了，正好趁修眼鏡拿去。

2017 年 8 月我開始打羽毛球課程，地點在台中市朝馬運動中心，是好朋友泰達（就是前文提到 Wendy 的老公）幫我報的名，買的球拍。他們夫妻倆都關心我從台中榮總精神病院出院後的健康狀況，泰達本身很愛打羽毛球，經過我的同意，幫我報名了羽毛球課程，連球拍都幫我先買好了。

8 月 8 日泰達和我上羽毛球課，對於一個剛出院的人來說，羽毛球課程的體力及球技鍛鍊，對我是一大挑戰，這是那時我一開始寫下的日記：

「教練要求我自行折返跑，常跑到差點跌倒，對我目前體力及技巧都差太多。」

「運動非常重要，當我追羽毛球追得喘不過氣來，就沒有時間去想別的事情。」

「打羽毛球雖然很好，但是也會有運動傷害，要多注意。」

感謝泰達，陪了我打了四個月的球，常常開車載我往返（因為服藥的關係，我不能自行開車），這四個月，從一開始練球常常跌倒，體力太差氣喘如牛，慢慢地，我的日記變成下面這樣：

「打羽球很開心，今天作的是高遠球及小球來回練習，感謝老婆送我去球場，搭泰達的車回家。」

「晚上去打羽毛球，淋漓盡致，好快樂，可惜下週出差，不能打球。」

不僅如此，羽毛球課程有許多球友，大家都是初學者，所以會彼此相互鼓勵，切磋球技，好友泰達本身擔任建築公司的高層管理人員，非常忙碌，但是接送我的路上，我們談羽球、談工作、談家庭，無所不談，人年紀接近五十，還有機會和好友每週一起聊天，一起打球，是很大的幸運。

這四個月的時間，把我從一個生理和心理健康都不佳的人，慢慢地，多運動，多流汗，身體的體力變好了。慢慢地，拓展新的人際圈，和教練、球友互動，讓心理健康也變好了。

「永錫，下一期課程，我就不報名了。」泰達和我說。

好朋友在人生中陪了我一程，也是永錫繼續向前走的時候了，我深深的感謝泰達（還有 Wendy），接下來，我還要繼續打羽毛球，所以心中也早有規劃。

我用 Facebook 傳訊息給君麟：「君麟，下次有機會，和您一起去打羽毛球。」我打了字發過去，由於兩個孩子學校都要求視力檢查，每年都會去君麟的眼鏡行好幾次，他很早以前就邀我一起參加他所屬的羽球隊，一起打球。

「永錫，我星期二、四參加民昇羽球隊，歡迎過來同樂！」君麟很快就傳訊息過來：「早上八點半到十二點多，可以先零打，打的習慣再考慮季繳比較優惠。」

「謝謝，你大概幾點到，其實我有時候會害羞。」參加一個陌生的團體，雖然我不害怕，但還是會緊張的。

「沒關係！球隊人都很和善，我大概八點半會到，有停車場，禮拜四見！」君麟非常親切。

我一查民昇羽球館地址，居然只離家裡面 600 公尺，於是週四上午八點半，我準時抵達球場，君麟也到了，他帶著我一起做暖身動作，認識隊友。

民昇羽球隊的隊友們真的很親切，一開始，大家都禮讓我，第一次打球就贏了幾場，君麟也特別下來和我搭檔雙打（他真的頗強的），但是後來熟悉了，我就是屢戰屢敗了。

很多球友告訴我單單靠團體班的羽毛球課程是不夠的，要想打好羽毛球，就要持續變強，羽毛球的世界沒有停止進步這回事，停止進步，就是後退。他們建議我要找個私人教練，定期上課。但是找教練一來靠緣份，二來費用較貴，讓我遲遲無法下決定，直到 James 和我說的一些話。

James 是泰達和我上的羽毛球課程的學員，晚我兩期，年紀和我差不多，也和我一樣屬於剛來時，球技趨近零的那種（但是體力比我好）。雖然我已經到民昇羽球館打球了，但是團體羽球課程我還是持續著，讓自己球技進步。James 是屬於很幽默的人，在課程上很活躍，是很棒的球伴。

「永錫，要不要我們一起找教練作私人教練？」教練是指我們團體課程的陳教練，帶著我打羽毛球快半年了，從蹣跚腳步開始，現在可以在球場上健步如飛了：「剛剛另外有個同學和我說，可以找他私教，這樣子費用可以比較低，我們還可以一起學習。」

其實，我才剛剛去繳了朝馬運動中心第四期羽毛球團體課程的錢，但 James 是對的人，和他打球充滿歡樂，這也是我運動的目的，

其次，我也期望私人教練課程能夠幫助我球技更上層樓。

「好呀，沒問題，我先把報名團體課程的費用退回來，接著，我們和陳教練報名吧！」我幾秒鐘就下好決定，一面和 James 說。

「好好好，我現在就去和教練講，把這件事訂下來。」James 也是急性子型的，立刻就把這件事情完成。

「教練說，我們時間就訂在每週二下午的三點半，我們三個人建立一個 Line 群組，在裡面討論各種細節。」James 和教練談完回來，就拉著我划手機加了群組。

從此以後，我就過著每週二下午三點半羽毛球私人教練課，週四上午八點半團體教練課，有固定的運動時間，不只身體變健康，心理也因為球友互動、球技進步，也變更開心。

因為一開始週四的球賽是打幾場，輸幾場，球技差別人太多，對手打個高遠球，吊個小球，基本上就讓我來回跑，跌得東倒西歪。但是週二時，教練先針對高遠球做好練習，這樣子，對手打球我就有球路可以回了，慢慢地教練就針對 James 和我的基本動作和體能作更多訓練，這樣子球技就更進步了，在球隊打球，贏的場次增加了。

James 也和我成為更好的朋友，兩個人去吃冰，吃吃小吃，兩個中年男子結為新的朋友，聊人生、事業、親情等都有很多話可以聊。在我年輕的時候，覺得兩個男生一起聊天，是很奇怪的事情，但是殊不知道，人生中很多喜、怒、哀、樂，甚至更微妙的情緒如期待、激動、不安、焦躁、無力、痛苦都要有合適的抒發窗口，心理的健康才得以改善。

「我覺得我進步了耶！」在私人教練練習的 James 對我說，他一向講話都很搞笑：「我到球隊打球，以前都被電，但是現在，還是被那些厲害的電，不過，對那些不怎麼樣的，我就和他們打的差不多了，以前我都是最後一名。」

「哈哈，我在我的球隊，基本上趨近全敗，不過沒關係，球技有進步就好了。」我回答，我也覺得自己有進步，卻也發現球隊的隊友是基於我是新手，禮貌性都要讓我一些，要贏，沒那麼簡單。

「我要好好跟教練再多學、多練一陣子。」James 一面氣呼呼地練球，一面說著：「到時候，我就可以電那些沒有練私人教練的人了。」

我笑著不停，運動帶給我的好處太多了，出院到現在，體力變好了，反應變快了甚至結交了許多朋友，這些都是好處呀。

／靜：保特瓶中的學問

「你應該要來上三摩地課程，你什麼時候有空。」Lila 老師銳利的眼身看著我。

「我最近很忙耶 ...,可能排不出時間。」我遲疑地回答。

「那我配合你時間，你有的時間和我說，我們需要連續三天，每次固定的時段，每次兩小時。」Lila 老師講話超快超簡潔。

「老師，我再回去檢查我的行事曆，之後和你回答。」其實我深深覺得 Lila 了解我的狀態，只是我當時案子擠在一起，又需要到重慶出差，真的比較難擠出時間。

認識 Lila 老師，是因為上了「淨化呼吸課程」，台中榮總出院後，

老婆希望我多了解一些靜坐、呼吸這些知識，讓我參加了淨化呼吸課程的說明會，我覺得不錯，就報名參加了。這個課程很好的是除了課程本身很好外，就是課後有每週一次的團體練習，而這個練習的地點離我家不太遠。

慢慢地，每週一次的團練對我來說非常重要，基本上只要沒什麼事情，我都會去團隊，一個人在家練習靜坐、呼吸。養成習慣不容易，但是一週一次上團體課程就簡單一些、也有趣一些，這就是所謂「獨學而無友，則孤陋而寡聞」，團體練習有老師，有學友，就更容易學習及進步。

因此當 Lila 老師和我說起上課時，我已經準備好了，我只問了老師一個問題：「Lila 老師，在你心中，"靜"是什麼呢？」

Lila 老師從打坐閉眼冥想中張開眼睛看了我一下說：「像是寶特瓶中的水，當我們拿起來用力搖，水會旋轉，但是等一下後也會靜止下來。如果水中有些懸浮物，旋轉後，還會慢慢地"沈澱"下來，靜坐帶來的"靜"就是這種"沈澱"的感覺。」

> **沈澱帶來了生命的平靜，**
> **這不是我最需要的嗎？** **"**

這是我那陣子寫下的日記範例：

「上淨化呼吸課程，老師是林聰芬老師，由於第一堂課缺席，第二堂課前她幫我一對一補課兩個小時，讓她也很疲倦，很感恩她，聰芬老師真是個好老師。」

「上三摩地課程，為了買供佛的花跑了三家花店，幸好還是在上課前到達，三摩地的法門和 "觀息法" 很像，也容易維持，這是我很喜歡的法門，我的密傳聲音是 "嗡"。」

結語

「永錫，這次回診的狀況不錯，我們 XX 藥就降個半顆下來。」台中榮總精神科劉醫生扶了扶眼鏡，一面打字，一面說話。

「謝謝，劉醫生。」我和老婆同時說出聲音來。

我 2017 年 5 月起在台中榮總精神病房住院了 53 天，劉醫生是我的主治大夫。這段日子，讓我深深體會身體、心理健康的重要，當我住進病院時，我就發誓，我一定要在醫護照顧下，遵守所有治療的規定，並且出院。而出院後，我更要求自己要努力，要吃得健康，要運動合宜，要有心理健康，回來做個好老公、好爸爸、好永錫。

> **那是我一年前立下的年度目標，**
> **而從接下來這一年的日記也可以看得出來，**
> **我也努力在日記中往目標前進。**

一個人要健康，除了食物、運動、內心平靜，還和身邊的一群人有關。

要吃得健康（食），有太太的在廚房，滿頭大汗地烹飪美食，有像 Wendy 這樣的好食材提供者的努力。 要運動合宜（動），要有好的教練，好的課程，好的球伴，大家在一起運動才會有趣有健康。

要內心平靜（靜），要有好的老師引導，團體練習課程，還有自己堅持地練習不懈。

我們的健康，是九宮格年度目標第一個格子，也是排名優先最前面的部份，希望大家都能好好努力照顧好自己的健康，也讓愛我們和關心我們的人放心。

2-3

工作的檢視：準備時間、利用時間、殺時間

　　從 2007 年成為自由工作者到現在，已經過了十年，大家都很羨慕自由工作者可以安排自己的時間，但是同時，我們安排時間的挑戰也最大，沒有上司、同事的督促，要如何管理好時間，我都寫在九宮格日記的工作領域。

　　對我而言，每天工作只有進入流（Flow）才能形成高效率的連續行動，而我每天的工作流，分成三種狀況。

> ⇨ **A. 準備時間：全天都需要出差或演講。**
> ⇨ **B. 利用時間：全日在家工作。**
> ⇨ **C. 殺時間：非正式工作的工作。**

　　就讓我來為大家一一解析。

準備時間：全日出差或演講狀況

我大約是七點前後起床。

如果是出差狀況，就要事前一天利用 SWEET 法則，計算搭乘計程車、接駁高鐵或直接到飛機場的時間，在這個期間，每個不同的交通工具（計程車、高鐵、捷運、公車、Uber 等），都要依據經驗值，留下足夠的緩衝時間。甚至連吃飯、去便利商店採購物品、聯繫國際漫遊（或租借無線路由器）、出差時贈送當地朋友禮物，最後複習投影片等等，都要在時間的計算裡，這樣才算做好充足的準備。

這樣，我們才能準時抵達演講場合，而且有充足的時間及精力來面對學員，作一次完美的演出。

其實在出差數天或全天講課之前，還有一件重要的事情，就是打包，我列出幾點心得分享。

要有一個打包專用的 App，你可以用 Evernote 或者特定的 App（我用的是 Packing Pro for iOS），把你常用的打包物品全部輸入裡面（我去大陸出差有 46 個出差用品；台灣過夜出差有 33 個出差用品；一般演講出差有 14 個課程用品）。

事前幾天就要確認的重要物品、行李箱請買好一點、確認各種證件沒有過期、預定航班、高鐵、旅館、需要的藥品、冬天要注意保暖衣物是否足夠，特定場合需要添購服裝。

打包時間要足夠，不要和時間賽跑，不要在出發前 30 分鐘才打包，這樣自己弄的很累，也常常漏帶東西，很容易和同團的夥伴有衝突。

到了演講的場合，除了作出精采的演出，現在我會安排私人行程在忙碌的出差旅程中，我也會寫在日記裡，像是下面這幾個例子。

和好朋友聚餐：之前去了重慶，就和當地的幸福行動家童年柯睿一起去吃了重慶火鍋，嘗試了鵝腸、毛肚等有趣的火鍋食材，吃了加花椒的火鍋，聽著當地走唱歌手的賣力表演，有了美麗的夜晚。

去當地閒逛：我喜歡逛菜市場，我到馬來西亞、越南、美國、日本、印尼、內地城市旅行，都特別會找時間去逛逛菜市場。而我的逛法也很有趣，我稱之為 "Block Travel"，說穿了很簡單，就是繞著市場的四周圍繞一圈，再決定從哪個入口進去，這樣又可以走一段路，又看了市場全景，進入市場內部也特別有方向感。

買一些紀念品：一開始出去旅行喜歡買放在冰箱上的磁鐵，但是搬了幾次家，磁鐵丟光了。現在就比較隨緣，演講賺了些錢，或許買個鋼筆、音箱、當地有名的紀念品（西安兵馬俑等）。

參加社群聚會：2017 年 11 月及 12 月，我分別在深圳及北京舉辦了兩場的「每天最重要的 3 件事」簡體中文版共筆新書發表會，也連結了許多新、老朋友。

我的日記就是在記錄像這樣出差行程中得來的一點一滴經驗。一方面，打造自己的出差資料庫，一方面，讓自己去到大江南北各個城市，進入形形色色的辦公室場景，接觸教室裡全然不同背景領域的人群，豐富了自己的人生。

寫工作日記的技巧，試試看把下面工作心得寫在日記裡面：

「時間管理：寫日記改善我們時間感，對每個移動時需要耗費的時間，累積經驗，於是有能力去做出計算，找出出發的最合適時間，讓自己從容抵達目的地。」

「打包能力：對於頻繁出差的人來說，打包是又單調且累人的工作事項，我們需要用日記累積一個最佳打包清單，我通常會自己迅速打包後，再從打包清單中檢查遺漏項目，這樣子又輕鬆又省時。」

「過程中的見聞：『生活不是只有苟且，還有詩和遠方』，這是才子高曉松說的話，我們能夠趁著工作機會，到不同城市見見朋友、探索城市、買買土產、參加社群聚會，這些都是珍貴的回憶。」

利用時間：整天無干擾狀況

如果沒有出差，我大概八點開始工作，先打開番茄鐘，接著進入專注時間，這個時段可以做的事情是：

「寫晨間日記，複習昨天的行程，並規劃下一步行動，目前我用 Evernote 來寫日記。」

然後一天正式工作開始了，忙完了晨間時光，接著我開始上午的正式工作，例如現在是上午 10：45，我正在寫書的章節，換句話說，透過這十年的時間，我確認工作的精華時間是每天的九點到十二點，於是我用這個時段來做最重要的工作，像是寫書。

今天的下午一點，要和好朋友劉先生夫妻一起用餐，我就設了一個 12：15 的鬧鐘，到時候響了，可以出門，也就是我還有三個番茄鐘的時間，可以寫作。我和太太是分工的，她是我的經紀人，所以這個時間她安排我的出差行程，檢查行銷的文章是否合適，和合作夥伴溝通，思考品牌建立問題。

在寫作的空暇之餘，番茄鐘與番茄鐘之間，我有幾個五分鐘休息時間，我會去選一些音樂來聽、吃些水果、整理好工作桌面上的文具、檢查即時訊息、拿東西到房間裡放好等等，做一些需要離開辦

公桌的活動。

中午飯後，以今天的例子，我估計是三點左右回到家，下午的工作步伐相對會慢一點，但我還是會睡個午睡，大約就是 30 分鐘，之後還是進入寫書狀況（這是今天，平時要演講的話，這個時間是作投影片為多，有時候需要作點市場行銷工作）。

這樣從三點半到五點半可以再工作四個番茄鐘，整天工作應該在 8 — 12 個番茄鐘間。晚上則是儘量休息，和老婆、小孩一起。

於是，我在日記上常常出現下面這樣的內容：

「今天火力全開，寫作完成大約七個番茄鐘，有點太累，要注意平衡。」

「進行第 58 屆幸福行動家招生工作，早上發出文案後，以人肉推廣方式進行第一波行銷，預計首波成交八人，目前為五人。」

「清華大學演講投影片完成，並且完成器材清單，已經寄出給清華大學演講承辦人。」

殺時間：非正式工作的工作日記

2017 年上半年，我因為躁鬱症住院了 57 天，讓我警覺，在忙碌的工作中，要安排許多工作之外的事情，這些是很重要的，除此之外，還要安排許多讓自己開心的時間空間，任性地做做自己想做的事情，開心，也是這階段很重要的事情。

我有許多殺時間的好方法，像是：

研究 App：這是我的最愛之一，我會上窮碧落下黃泉，研究時間

管理領域，全世界最好的 Apps，這些軟體對我而言，就像是一本本的好書，能夠讓我持續學習並進而幫助我的朋友及客戶。」

讀讀書：我也很喜歡紙本書，最近很愛讀自己朋友的著作及年輕世代作家寫的小說。

美術館參觀：這是我確立油畫是我 2018 年目標後開啟的習慣，上次看亞洲雙年展「關鍵幹旋」相當震撼，以後會繼續去參觀。

和好友吃飯：剛剛講一對一交流的時間，要不就是到我們社區公共空間喝咖啡，不然就在附近吃吃餐廳。

和兒子散步：孩子都上國中了，和爸爸相處時間也少了，我們會找時間去散步，或許去電腦商場，或者吃頓餐廳，享受媽媽不在的父子時光。

有了上面這些「目標」，就督促我常常寫下這樣的日記：

「今天家豪來訪，我們去吃向上水餃，他在菲律賓鏡頭工廠已經擢升到經理階層了，真棒。我們討論了下職涯發展的可能性，他也決定隔天上台北去拜訪業務同仁。」

「最近發現了 Scrivener 有匯入 OPML 檔案並形成索引卡功能，真是太棒了，配合 Mindnode 編寫心智圖。」

我累積了十年的日記，寫下工作或非正式工作，雖然在創業的這十年，我做了很多事情，但是未來的十年，我還是有很多期待，我希望能夠做出 TTT（Train the Trainer，企業內訓師課程），以及我把我所知所能做成一個「工具」，在市場上銷售，對於未來的「工作」這個日記領域，我很期待裡面發生的故事 ....

2-4

財務的檢視：
創業之路的日記

於是「永錫，你能夠幫我介紹一些投資人嗎？我們公司需要增資，一股換算是台幣 200 萬元。」Chuk 和我這樣說。

Chuk 是我的表哥，大我一歲，小學一年級的時候全家移民美國，那一年我三十歲，Chuk 和他的弟弟 Kai 的電玩公司（TV Game，像是 PlayStarion、Xbox 及任天堂等在電視螢幕上顯示的電玩）準備開發一種音樂遊戲，因此到處尋找投資人。

我帶著 Chuk 拜訪我為數不多的有錢人人脈，但是一無所獲，回程的路上，兩個人無精打采，Chuk 問我：「永錫，你會投資我嗎？」

這真是個好問題，這個產品我不懂，這個市場未知，我猶豫了一下說：「讓我想一想好嗎？」

後來才知道，那其實是我一生中的關鍵時刻，當時要是我答應了，我就會得到 30 倍的回報。但是這個機會，我沒有抓住。

Guitar Hero（吉他英雄）是 2006、2007 年 TV Game 的全美銷售冠軍，其母公司 RedOctane 後來以 1.9 億美金售出，是當年美國前十大購併案，RedOctane 就是我表哥 Chuk 擔任共同創辦人的公司。

接下 ，我 就要講講 Chuk 和 Kai 創業的故事，還有我的創業故事，這些都是真實的故事。

1994 年，網路興起，當時 Chuk 在加州家中的輪圈蓋（Wheel Cover）公司工作，擔任總經理，帶著十幾個員工，做著爸爸留下來的事業，把大陸生產的輪圈蓋，賣給美國的修車廠。

我剛退伍回家，待在台灣就業，擔任現場土木工程師。擔任東西向快速道路現場工程師，帶領工地的泰勞綁鋼筋、上模版、澆注大樑，做著造橋鋪路的工作。

那時候我們都年輕，用學習的知識和年輕的體力賺錢。當時的網路很原始，溝通靠著昂貴的國際電話，偶而透過美國回來的親戚知道彼此的狀況。

1996 年前後，全世界興起網路熱潮，住在矽谷 Chuk 開始想要藉著這浪濤創業，找弟弟 Kai 一起，兩個辭掉工作，開始車庫創業。

我已經忘了一開始他們做過幾個項目了，只記得有防火牆伺服器及電腦改裝的卡拉 OK，這時候還發生一件事情，讓我體會到創業的不易。

當他們在做卡拉 OK 的時候，剛好我到美國玩，順便去拜訪他們

公司。Chuk 負責產品，他一面展示，一面和我聊天，後來聊到我可以在台灣幫忙推廣，我當然回應說好，而負責銷售的 Kai 正巧走了過來，一臉不高興，劈頭就說：「永錫什麼都不知道，你就要讓他負責台灣，你這個決定真是太爛了。」Kai 說的是台語，說著說著音量越來越大。

「你不知道，我們要降低成本，拓展市場，這是要嘗試的。」Chuck 說的是國語，火氣也不小。

夾在表兄及表弟之間，聽著他們爭吵，我有點不知所措。

「你這樣不行，這樣公司一定不能下去。」Kai 講起台語，讓我也聽得懂他的立場。

「好了、好了，這件事我們再討論，有決定再和永錫講。」Chuk 也覺得他決定沒有顧及到 Kai 的立場，做了退讓。

創業維艱，產品需要打磨，團隊需要磨合，現金流的壓力無影無形、無時無刻緊跟著創業者，終究 Chuk 公司卡拉 OK 機、防火牆伺服器（Chuk 過幾年和我說，當時這個項目多撐個半年可能就成功了）等項目都結束了，手上留下唯一個項目是電視遊戲 DVD 租賃。

這也是 Netflex（網飛）初始創業的商業模式，用戶不需要購買 DVD，而是用租賃的方式，你只要購買月費或年費，就可以無限制租影片或者電動玩具來玩（一次可以同時手上有兩片），這也是 Chuk 兄弟進入電玩產業的起始。

2001 年我又到美國旅行，又去找 Chuk，他帶著我在矽谷走，看了 Yahoo 及 Google 創始公司的地點，吃了 In-N-Out Burger 的漢堡，到了他的電玩出租網站公司 Webgamezone。

辦公室裡面就有電動遊戲室，跳舞板等遊戲用品，員工興致一來，就去跳一場 Dance Dance Revolution。旁邊區域是免費飲料、點心和微波食品，就算員工待在辦公室到半夜也不愁沒有好玩及好吃的。這樣的創業，這樣的創業場域及員工熱情（我還記得坐在 Chuk 對面的韓裔青年，推薦了很多音樂類型給我聽），深深吸引了我。

我參與的第一個創業，是朋友找我去創建一所幼兒美語學校，也邀請我成為股東。這是我第一次投資初創企業，並且自身投入營運工作，成為幼兒園的管理幹部。

我的職務是總務主任，這是好聽的說法，正確做的事情是娃娃車司機主任。帶領兩個司機，早上七點開到晚上九點半，一天總要開個一兩百公里娃娃車。

美語學校的利潤很好，但是工作枯燥真的很要命，我這個慢速娃娃車司機，每天載著一群小毛頭南來北往，還要講笑話給孩子們聽。開車空檔，修理水電、擦採光罩（爬上去有將近四米，真的可怕）、採買物品。

「這是我要的工作及生活嗎？」深夜中，我問自己。

後來，我自己處理不好自己的心情，有了憂鬱症，2001 年我的

老闆（也是邀請我創業的好友）建議我去美國散散心。

看到 Chuk 兄的的創業模式，我一拋低潮，充滿興奮。

「你們公司現在運作得怎麼樣？」我記得他們邀我去一個會議室，畫著公司的營業額成長表格，幾個表格畫著向上的箭頭。

「我們的業務成長和廣告很有關係。」負責銷售的 Kai 和我說明：「如果在遊戲雜誌上刊登廣告，用戶就會進入網站租幾個遊戲，進而成為我們的長期客戶，而我們獲得一個用戶的成本是 xx 元。」

「所以你們要一直做廣告。」我問到，這是我不熟悉的領域。

「對的，廣告很貴，我們會適當的投入，通常是依照不同月份，投放不同金額的廣告到不同雜誌。」Chuk 接著 Kai 之後回答。

創業是一個長期堅持的過程，需要很大很大的耐心。Chuk 和 Kai 創業的電玩租賃遊戲產業，要累積用戶數量，增大單一客戶購買金額，做好客戶服務，建立品牌形象，需要不斷投入資金，直到規模經濟損益平衡臨界點來臨，一舉獲得巨大收益，財務的風險大，收益也大。

而美語幼兒園的商業模式，就讀前收註冊費，每月先收現金，毛利高，財務風險小，但是營業額成長低。

Chuk 兄弟很快就發現，從事租賃必須有雄厚資本才能採買片源、擴充營運規模，他們初期投入的一百萬美元根本不夠看，公司燒錢的速度太快了。

幸好，Chuk 他們發現公司網站上有個產品越賣越好，那就是日本電玩遊戲 Dance Dance Revolution（簡稱 DDR），還有搭配一個附件：跳舞墊（Dancing Pad, 跳舞機遊戲專用的感應跳舞墊）。

DDR 這個遊戲從 1998 年由 Komani 公司發行，結合音樂、跳舞等元素，一時風靡街頭電玩及電視遊樂器市場。除了街頭上充滿了跳舞機的機器，一般人家中，也會購買 DDR 的電視遊樂器。

Chuk 他們發現了一個商機，由 Webgamezone 網站商業數據，發現了 DDR 出租數字居高不下，他們嗅到了跳舞墊的商機，很快的，Webgamezone 網站上，跳舞墊也上架購物車，接著，有大量的人網路下單購買跳舞墊，購買金額很快就超過兩百萬美金。

創業至今，他們總算賺到了第一桶金。

「買賣跳舞墊，就是直接面對玩家，讓我們得到很多寶貴的回饋意見。」Chuk 說：「這時候，我們轉念一想：為什麼不自己生產？」

發現了市場可能性，他們決定大步前進。

於是 Chuk 及 Kai 決定投下成本，在大陸生產跳舞墊，進口到美國販售，這項業務果然打到市場的需求點。

「我們的產品很快就成了市面上賣得最好的跳舞墊。」Chuk 得意地說，由於瞄準的是高端市場，毛利很高，成本二十二美元的產品，售價可以達一百美元，年營收高達兩百萬美元：「可以說，是跳舞墊為我們帶進第一桶金。」

他們再接再厲，推出自己的跳舞音樂遊戲，搭配自製的跳舞墊，

進攻美國的音樂遊戲市場，但是這次卻銷售不佳，草草收場。但是，這個痛苦的過程，讓他們有了新點子。

「美國人不一定都跳舞，但是一定想過成為樂團裡面的吉他手。」不會彈吉他的 Chuk 大笑地和我說。

於是，在 2004 年 Chuk 及 Kai，與波士頓的遊戲開發業者 Harmonix 合作設計 Guitar Hero《吉他英雄》第一代。

Chuk 回憶，開發《吉他英雄》時的資金吃緊，最慘的一次，是因為當時的矽谷創投業者把遊戲產業、硬體生產事業列為拒絕往來戶，找不到錢的他們，只好抵押房子，才撐過倒閉危機。

「老婆問我，如果我們遊戲賣不好怎麼辦？」那天剛好是聖誕前夕，Chuk 不知道如何回答，就說：「應該會賣得好吧！」

所以，Chuk 決定主動出擊，到台灣找資金，那就是文章一開始 Chuk 來員林找我的時候。

「Chuk 公司賣出的價格是 1.9 億美金。」Chuk 的媽媽（我的大姑）說，這時候是 2006 年，買家 Activision 當時是第二大的電玩公司，後來又買了一家工司叫做暴雪（對，就是魔獸爭霸遊戲製作公司）。

當時我在美語幼兒園的工作很穩定，在美國學了英語教學課程，回台灣後擔任美語老師，這種生活很安逸，我也做得很好，一做就做了好多年。

但是這段期間，Chuk 公司發行的 Guitar Hero 市場反映是出奇

的好，第一批上市的十萬套遊戲，迅速全數賣光，配件玩具吉他根本來不及生產，天天被賣場追著要貨。

「就在遊戲上市後四個月，也是公司成立六年後，創投才首次對我們公司有興趣，但那時我們根本就不需要創投了。」Chuk 後來和我說。

有一次，Chuk 的媽媽回台灣，我們討論起 Chuk 公司賣給 Activision 的事情：「這就是美國夢（American Dream）。」七十多歲的姑姑呵呵地笑，孩子們的成就讓她引以為傲。

看到姑姑的微笑，我創業不安定的靈魂繼續蠢蠢欲動。

當時，我已經寫時間管理部落格文章六年左右，有四十萬點擊，開始有些團體邀請我去做時間管理演講，不僅台灣有讀者，大陸也有不少的粉絲。那時不知道，命運女神已經悄悄提醒我，即將面臨我人生的抉擇點。

我應該離開美語學校，開始創業嗎？

Chuk 和 Kai 專業不是電玩領域，但做到全世界的等級的遊戲，那我呢？我的極限在何處？可能性存在嗎？

答不出這個問題，我決定飛到矽谷去問問 Chuk。

2007 年，帶著許多的疑問，我搭乘飛機抵達美國舊金山國際機場。一方面去上世界第一流時間管理大師 David Allen 課程，一方面就是去請教 Chuk。

「你做的產業和我一樣耶！」Chuk 聽了我創業的想法，說了這句話：「Guitar Hero 就是一個 IP（Intelligent Property）之所以品牌能夠出售，就是因為我們幫 IP 打造出很高的價值。」

老實說，我聽了這句話，眼睛都亮了，我想做的事業，居然和 Chuk 一樣？

「你可以多觀察 MarthaStewart（瑪莎•史都華，美國知名女創業家，號稱美國最會賺錢的家庭主婦）以及 Timothy Ferriss （暢銷書一週工作四小時的作者），他們的商業模式，可以作為你的借鏡。」

帶著他的建議及祝福，我回到了台灣，離開美語學校，開始我第二次的創業，只是這次出發時，我是一個人。在叔叔的辦公室裡，借了一張桌子，牽了一支電話，就開張了。

一開始，我想做個實體管理的實體產品（類似 3M 即可貼功能的電子工具），經過和幾個經營工廠的長輩聊過後，了解硬體產品的不易及競爭者後，我放棄了這個點子。

接著，我專注於寫部落格，每天在辦公室裡寫文章，我知道我能寫，而且還有不少讀者，只是無法立刻變現，但是總會有些單位邀約演講，雖然路途遙遠，費用又低，但是我還是努力準備，認真演出。

2007 年出現了 iPhone，觀察了一陣子，我決定投入 App 開發的行列，2008 年找到程序工程師，2009 年組成小團隊，2010 年這個電子便利貼的 App：「Getideaz」終於上架，可以在 iPhone 上面下載。

2010 年更飛抵大陸，成功在北京舉辦了一日研習會，開始結識以前在網路互動的大量部落格讀者，陸續在上海、廣州、深圳、西安等城市舉辦研習會，幾乎每一兩個月就要飛一次大陸。

你看起來永錫的成長一帆風順，其實每一個創業者都會告訴你，才不像表面看起來那樣。

當個默默無名的講師，不僅是講酬低，場次還很少，當時一年十二個月，我每個月平均賺不到一萬元，試想，我們還要養家活口，這樣的收入情何以堪。

做 Getideaz 這個 App，一開始要投資，花錢在工程師身上，因為當時 iPhone App 開發台灣很少人做，花了許多時間金錢，從團隊成形，討論理念及 UI，撰寫程式，視覺優化，到最後上架，花了十三個月的時間。上架後也缺乏推廣的概念，只想做出好產品，不知道只在台灣宣傳是沒有用的，就這樣一個美金 1.99 元的 App，上架到現在購買數大概只有 2000 個（不要笑，這很難的），真的是做功德來著。

在大陸第一場研習會，在北京航空航天大學裡面的雕刻時光咖啡館，經和主辦人討論後，收費是人民幣 50 元，還送了學員午餐。前六次到北京出差或開課，基本上一毛錢都沒賺到。幸好招生人數很好，我的價格就水漲船高，但是開銷也隨之增加。

和 Chuk 討論創業的事情到現在，對我收穫最大的是：

> **我逐漸釐清自己的價值，**
> **知道做這些事情能夠創造什麼價值。**

而自己的服務對象，從一開始做硬體想銷售給社會普羅大眾，接著是做兩小時演講，iPhone App，兩天研習會，出書，企業服務，到企業等級時間管理工具，最後架構品牌。

我逐漸體會 Chuk 和我說的，我們在做的就是 IP（Intelligent Property），這些智慧資產，一開始只存在於自己的大腦中，藉由不同的渠道，講出來，寫出來，融入培訓，設計出工具。這些 IP 也藉此服務更多人，產生價值，而創業的獲利，就由價值交換而產生。

Chuk 是個一流的企業教練，不是嗎？

回顧這一路寫下來的創業日記，在那幾個關鍵的時刻，都留下了紀錄：

「聽到姑姑講 Chuk 公司賣掉的金額，半夜睡不著，我應該創業嗎？」

「參加 David Allen 的 GTD Roadmap 課程，有很大的衝擊，看到全世界的頂尖，才知道自己再哪一層的高度，David 花了二十五年達到目前等級，我也要努力二十五年才行，加油！」

「舉辦在北京的第一場研習會，來了三十多人和許多好朋友，也算開展到大陸創業這一件事情，期望很多，執行踏實，一步步做。」

「老實說，這幾年我想要賺更多錢。」Chuk 和我說，時間是 2018 年，我再次到矽谷請教他下個階段的創業項目「我當了幾個創業團隊的投資者，要飛 LA、首爾、台北和他們開會。」

　　「你會投資我嗎？」我眼睛直直的看著 Chuk，這是我很早前就準備好的一句台詞。

　　「…」他看了我一下，沒有說話，轉移了話題：「你要把精力集中在先做出一個 App 上，去找你的客戶，技術團隊，早期資金，把產品儘快做出來。」

　　我知道，我的財務教練給了我下一步行動的方向了，接著，就是持續去做的時候了。

2-5

家庭的檢視：
人與人的互動

　　我的朋友叫做苗爸，他的太太我都叫做苗媽。苗家和我們家認識了許多年。

　　那是 2008 年時，搬到台北，孩子上才藝課程，有時候老婆請我幫忙陪老大上課，在等待他下課時，我總是帶著一本書看。孩子們一起學音樂，事實上父母也可以結交許多朋友，我們就是這樣與苗家認識的。

　　當時，苗媽知道我們剛剛搬到新城市，會來關心，和我聊聊，讓我們逐漸融入台北，

　　後來苗家孩子也進了和老大一樣的國小，這時老婆已經在學校擔任義工一陣子了，慢慢也介紹苗媽媽參加義工的行列，沒想到，苗爸爸也逐漸投入，後來還接了幹部、當了會長。

　　我們搬到台中後，買了很漂亮的房子，老婆很希望由苗爸來設計，也因此兩家人互動越來越多，認識許多公司員工。

　　朋友為什麼會變成朋友？我不知道，但是有一個很重要的就是要

有緣，覺得苗家及張家都是很重視感情、重視家庭的人，因此物以類聚吧！

我自己撰寫家庭領域的日記，有幾個要點：

> ⇨ **初邂逅：寫出第一次碰面的地點、碰面的描述。**
> ⇨ **主要社群：苗爸由於我太太的緣故，後來加入兒子國小的家長會。**
> ⇨ **專業性：苗爸幫我們家做室內設計，由好朋友，變成專業合作。**

生活的日記中也有專業

2013 年 7 月，我應邀到苗爸的設計公司演講，對著全體員工還有一些我們的共同朋友，演講時間管理這個主題。上課時，除了員工外，還有些民權國小家長會的家長。

當時我通常是跟小我十來歲的年輕人上課，這次卻有各種社會人士：補習班主任、中醫師、牛排店店長、壽險主任。

課堂互動氛圍很好，時常有問答交鋒，這是我很喜歡的部份，我也特意放慢演講的速度及內容密度，讓互動更加流暢。

上完課已經很晚了，我就住在苗爸家。

留下來聊天的，還有苗媽的侄女及其老公，侄女老公是個穩重的牛排店店長，非常保守紮實的成長策略，往高階經理人前進，雖然沒有股份，但是有家庭，有衝勁，有耐心，有態度，十年磨一劍，未來很可觀。

人和人都渴望真心的交流，這樣的機會真的很珍貴，我們家和苗家深厚的交情不是一朝一夕可成，卻帶給我們真正的幸福感。

「永錫，你知道我從你的課程中學到最多的是什麼嗎？」聊天時，苗爸笑咪咪，看來從這次的學習得到不少收穫。

「我不知道耶，你說說看吧！」其實我心裡有一個答案，但是我想聽聽說的和我想的是不是符合。

「就是你說的青蛙呀，讓我感觸最多的是那句『列出列少行動的清單，效率比較高』。」苗爸認真地說。

「呀，我們真是心有靈犀一點通，我也覺得是這點。」我說了一個白色謊言（White lie），雖然沒說真話，我心裡知道，苗爸會很開心。

在我們寫每口行動計畫時，很重要的就是要列出較少的行動清單，一方面要有因應每天突發狀況的時間（永遠都會出現），另外一方面，寫太長清單做不完，會產生罪惡感及疲憊，這都是不需要的。

我們在寫日記的時候也是，不要花太多時間時，只要寫成功日記即可，寫不了五項也沒關係，漏了幾天沒寫也不要太介意，只要長期維持這個習慣即可。

"
我常常從演講分享中得到靈感，
也常常在朋友互動交談中突破自己的盲點，
這些吉光片羽的片段，
都靠日記累積，才得以保存。
"

人與人的互動就是互相學習

「時間管理大師，不曉得你 11 月 7 號有沒有空，到我們扶輪社來幫我們演講？」今年 10 月的時候，苗爸發了一則訊息過來。

「沒問題已經放到行事曆。」我迅速地回答，這樣最節省他的時間。

「哈哈，我們有一個流程表，想寄給你。請問您的 email，我知道你忙，就當作挺兄弟吧！」苗爸的速度也很快。

「感謝苗爸，給我機會認識新的朋友。」我回了郵箱地址，並且感謝他。

「是的！扶輪社就是交朋友跟做社會貢獻服務！我們的人不多大概就是十幾位！年齡都差不多，都是我的好朋友，你可以輕鬆點。」苗爸回答。

去扶輪社演講當天，在例會開始之前，我們先在場外聊一下。

苗爸說：「永錫，就教我剛剛在車上 Show 給我看的訊飛輸入法吧！我實在沒想到 AI 已經發展到這樣的地步，輸入語音便是文字，還能自動加上標點符號。」

「這裡可以做繁／簡；另外在這裡可以切換成手寫模式；特殊標點符號按這裡。」苗爸很認真，我也把各種功能一一傳授。

「要是我早點使用這個語音輸入法，我就能夠寫更多日記了，永錫，你教我晨間日記之後，我只維持了一年。」

「沒關係的，我們繼續開始，一起過人生，一起寫日記，不也很美嗎？」我開心地回答，有人想要寫日記，我最高興了。

過了幾天，苗爸傳訊息給我「太棒了，感謝你，希望你大陸演講順利，我現在講這麼多話，也適用訊飛的喔。你真是我一個很特別的好朋友！」苗爸說。

　　其實，我身邊的經營者，都希望提昇效率，我也相信，某一天會有更多人用語音輸入方式來寫日記，這樣檢視速度更快。

　　苗家和張家結識已經將近十年了，每當有機會用日記檢視彼此互動內容，心裡面總是充滿溫馨。

　　一家人和一家人互動的情誼，能更讓彼此的家庭受益，並且往更好的方向成長。

　　未來的十年，我也相信，我們還會有更多的互動，彼此護持，持續前進。

2-6

社交的檢視：
這是一個相互依存的社會

「你以後入了社會，有三件事情很重要。」叔叔開著車子，我們正在從彰化縣員林鎮往台北的路上：「一個是看的書要多一點。一個是請客時付錢要快一點。一個是參加青商會。」

小時候的我，看漫畫書很多，看書倒是少一點。而請客付錢，完全不合乎我小氣鬼的本性。參加青商會；問題來了，青商會是什麼東西？但叔叔是我們家白手起家、掙得億萬身家，是我心目中的偶像，難得我們一起搭車，因為我大四了，難得地和我語重心長地談了談。

「屁叔，這三件事情是什麼意思呀？」我好奇：「看很多書，是像你一樣看很多武俠小說嗎？這個我也看得不少」

「哈哈，看書是多看雜書啦！我自己是高中畢業的，所以只能靠多看書來補充知識呀！」叔叔小學畢業後考上台中一中，但是貪玩，從國中到高中六年都在打撞球，沒考上大學。

「請客付錢要快一點，因為你以後要是開公司，就要做廣告，廣

告很貴的。平時多請別人吃個飲料，請吃頓飯，人脈存摺裡面不斷存入小額存款，這樣需要廣告或各種資源，朋友就來幫你了。」叔叔是開建設公司的，營業額高，見識廣，朋友多，很有說服力。

「最後是參加青商會，前幾年我不是當青商會會長嗎？」我點點頭，叔叔接著說：「我發現公司的成長瓶頸就在領導者，我的能力帶三十幾個人就上不去的，青商會就是培養青年領袖的地方，你要盡早去參加青商會。」

「多看書、多請客、青商會。」我回應叔叔的教導，心中默默的感謝，有人會說出他人生經驗給你，是多麼珍貴的事情呀！

／ 做個真心的付出者

「來，這次叔叔請客！」這是我經常聽到的話，但是這次是在美國，我們正要去看 NBA 球賽，弟弟幫大家在網路上買了 NBA 金州勇士隊球賽的門票，沒想到叔叔就搶著要付款了。

「來，這次叔叔發紅包！」小時候，總是期待叔叔的紅包，因為他總是非常大方，大大的紅包，是年節的期待。

「來，幫叔叔去買狗食！」這可是大大的肥缺，因為去買狗飼料，一千元找剩下的就是叔叔給我們的零用錢。

叔叔的多請客，不是口頭說說而已，在我擔任土木工程師的初期，在彰化縣內的漢堡 - 草屯線 404 標工作，工地就在埔心，叔叔也讓我住在家裡，照顧我的生活。

慢慢的看中學，當時是單身漢，又薪水不差，領了薪水，就邀堂弟一起去吃生魚片。在工地工作，工頭常常會請我們檳榔、威士比，我就帶些珍珠奶茶、鹽酥雞等零食送他們。

泰勞也很喜歡我，或許是我多了一分對他們的尊重，在他們吃泰國傳統食物時一起分享（那時候還吃了泰式生牛肉，常常跑到泰勞餐廳用餐）；朋友要搬家，帶他們打打工賺錢；幫他們排解人際糾紛。

　　工地也會有不少應酬場合，除了吃飯，重點還是喝酒，常常喝到抓兔子（在路邊吐），後來才知道這就是社交（Social）。

　　每天住在叔叔家，雖然很少聊天，但是看到許多身教。他教的，就是社會大學的「人際關係」學分，而我修了二十五年以上，還在持續學習。

> 多付出，讓人與人之間感情更好，事情才好商量。
> 多請客，大家見面三分情，事情才好推動。
> 多尊重，就算是異國朋友，也能形成團隊。

　　原本小氣鬼個性的我，慢慢人際關係變好，也曾遇上很困難的人際關係僵局，覺得自己都過不去了，但是幸好以前努力的付出，最後還是擁有好結果。

　　我回顧了自己的日記，當年常常出現這樣的內容：

　　「泰勞今天在橋墩烤肉，做一些泰式食物，基本上就是青菜葉上放飯和咖哩，有一道生牛肉，他們一直鼓勵我吃，但是實在很怕衛生問題，我吃下去，他們都大聲鼓掌。」

　　「今天早上巡查模版工程，量一量尺寸沒問題就要離開了，王功

仔（工頭）：『你怎麼今天忘記什麼事情了？』我問：『什麼事情？』王功仔說：『你忘記稱讚我們做得很好呀！』，哈哈，沒想到我這麼常稱讚別人呢！自己都不知道。」

加入社群，為社群付出

「永錫，你也該加入青商會了吧？」顏叔叔當時是員林國際青年商會（簡稱員林青商或青商）的副會長，也是我的鄰居，那年我二十七歲，出社會也幾年了，每天跑工地早出晚歸，真的是沒時間加入社團，所以婉拒了。

「你看你叔叔事業做這麼好，就是因為青商會的歷練。」顏叔叔是我們家世交，人很好，慢慢和我解釋參加青商會的好處：「青商是國際四大社團，宗旨是訓練自己，服務人群，有機會你來看看吧！」

我想起大四時，叔叔和我說的話「有三件事很重要 ..... 加入青商會」，於是我就答應顏叔叔參加活動。

第一次的活動，我還記得是個反毒的宣傳晚會，來了好幾百、上千人，舞台上的歌手熱力四射，我的工作也是拿著煙花發射，隨著煙花在空中綻放，我突然一瞬間的感動。

我從小在這個小鎮長大，受許多的老師照顧，長輩的護持，成了大學生，做了土木工程師的專業，但到快三十歲了，才第一次為這個小鎮付出，回饋給愛我及支持我的人。

我突然好像懂得叔叔說的「加入青商會」，顏叔叔說的「訓練自己、服務人群」，原來，加入青商不是為了結識人脈，讓自己賺更

多錢。而是一群人藉由活動，培養出團隊的策劃力、組織力、動員力、財開力、應變力；並透過夥伴的同甘共苦，凝聚出千金不換的交情。

因此我開始投入了青商活動，2004 年接下關懷兒童委員會主委，承辦彰化縣第二屆兒童英語演講比賽，這個活動我參與了六年，幫助了大概兩千位以上彰化縣的幼稚園及國小學童，站上英語公開演說的舞台。

> **社群（*Social Network*）是我後來才學會的字，就是一個興趣相投的人群，一個願意承擔的領導者，一個讓社群成為相互溝通的模式。**

員林青商就是一群樂於奉獻的溫暖青年；跟隨著願意承擔的會長及活動主委，藉由會議、活動參與、私下聯誼等方式維繫關係，為地方舉辦了許多公益活動，成為了一個影響全員林的重要社團。

而在其中奉獻出小小力量的我，終於對叔叔說：「我參加了青商會 ...」。

下面是我當年日記的回顧：

「今天是正式成為青商會員的第一天，有個新會員宣誓人典禮，沒想到監誓人剛好是叔叔，聽他演講，覺得叔叔好厲害，不知道什麼時候才能和他一樣做好公開演講。」

「今天是第一屆舉辦英文演講比賽，小小的會館塞了一百多位小朋友及家長，上午場就因為冷氣不夠力跳電了，感謝蔡易昇秘書長和楊志斌，立刻跑去借來了一台發電機，雖然沒有冷氣，但是至少麥克風有聲音，這幾天睡得很少，還拉肚子，活動順利成功，感謝江文仁和自己，終於完成了不可能的任務。」

「今天是第六屆英文演講比賽的決賽，由於要搬去台北，這也是我協辦的最後一屆的比賽，這個活動讓我成長非常大，看著這些孩子，直挺挺走上台接受頒獎，眼中閃爍的自信，讓一切的努力都值得了，祝福你們。」

有能力參與公益

「這次妙化堂要蓋圖書館，你要不要也贊助一下。」今天是奶奶的忌日，中午前我們在溝皂的宗祠公祭，叔叔聊到妙化堂要蓋圖書館，讓員林市的高中或大學生準備考試時，有個免費吹冷氣可以溫書的好空間。

「我們要捐多少呢？」我和老婆對看一眼，立刻回答。

「看你們的能力，不用勉強，但是大家一起來做好事情，關聖帝君會保佑大家的。」叔叔現在是妙化堂的堂主，除了自己出錢出力，也會和家族成員說一說妙化堂的近況。

妙化堂是我的爺爺創立的，來源甚奇，那時還是日據時代，爺爺有天做了個夢，夢到關聖帝君要他去豐原一個廟見一個人。於是爺爺不辭辛苦到了豐原，並請回來關聖帝君的一尊神明，地方上有人捐地，有人出錢，有人出力，就把這個廟蓋起來，現在已經超過七十年歷史了。

接著，是奶奶當堂主，奶奶過世後，就不是張家人當堂主了。沒想到到了 2010 年前後，廟裡面的人說廟裡出了籤詩，要找叔叔來當堂主。

　　叔叔不懂廟的事情，著實想了很久，後來覺得這是個公益（Society）的事情，還是答應了。也因為如此，除了要主持妙化堂的大小俚俗儀式，也要舉辦活動，修建廟宇，和這次的建圖書館。

　　我常常覺得叔叔一輩子是個付出的人，他參加妙化堂，一開始是用青商會的社團法人組織結構，把妙化堂和附屬的慈善會組織系統化及法制化。接著是募捐資金，把神佛金身及廟宇內外打點地煥然一新。接著是舉辦活動、設立圖書館，讓年輕的世代接觸妙化堂，就像是我們國小的時候，在廟前的大廳玩耍及嬉戲。

　　妙化堂對我而言是個很神聖的地方，當土木工程師的時候，常常開車載奶奶去妙化堂，那時她就會親自帶著妙化堂的人去探訪貧戶，送錢送米，那時妙化堂只是我拜拜的地方。

　　現在叔叔當堂主，而我也在人生成長的路上跌跌撞撞，妙化堂成了我的心靈避風港。有低潮，去拜拜，請求神明及張家長輩照護。有順境，去拜拜，感謝上天對我們的照護。

　　每次我去妙化堂，都看到許多人和我一樣，在人生迷惘或轉折之際，去尋求心靈的寄慰，著實感謝為這廟宇做過貢獻的前人。

社交、人際、公益，三層意義

九宮格目標中的這個領域，我覺得有三層的意義。

> **Social，社交，講的是自己的人際關係好不好。**
> **Social Network，人際網路，**
> **講的是自己在人群中的互動，**
> **有時我們是被領導者，有時候是領導者。**
> **Society，公益，就是對社會做的無私奉獻。**

本篇故事的叔叔是真實人物，他愛看武俠小說，所以做事很有「大俠」的感覺。在員林，他有很多朋友（Social），擔任建築公司老闆及曾任青商會長（Social Network），擔任妙化堂堂主（Society）。

這幾十年，他以身教影響我很大，讓我懂了這個世界不一個孤島，而是相互連結，相互依存的大陸。

他也是一個愛看書、寫日記的人，年輕時寫了很多紙本日記，我相信寫日記對他這些能力的養成，有很大的助益。

2-7

內在的檢視：
和最深層的自己對話

我認識果汁王，是在台中榮總精神病房。

當時是個日光充沛的早上，我正在填寫零食訂閱單，當我勾選了果汁，他看了一眼，突然和我說話。

「我以前在台中榮總做果汁的工廠工作」果汁王開了口，又繼續補充道 ......

「你早上訂製，我們才開始做，下午你拿到的時候，是新鮮的喔！」果汁王很得意。

果汁王是台中榮總精神病院的常客了，每次出院後，都會待一段時間的庇護工廠，在那裡他的工作是製作果汁。現在他住院了，所以我喝的是他同事做的果汁。

你問為什麼他叫做果汁王，這只是我幫他取的暱稱。

「真的嗎？難怪我覺得這個果汁很不錯。」那天是我到台中榮總精神病院住院第二天，還在熟悉環境，果汁王的出現，讓我結交了

第一個朋友。

「我看你很喜歡看書，我也很愛看書。」果汁王其實對新來者很熱情：「我喜歡看旅遊的書，而且我去過二十多個國家旅行。」

「不過也把我自己的錢都花光了」果汁王越說越小聲：「我躁鬱症發病就亂刷卡，後來我媽就把我的信用卡給拿走了。」

我沒有回話，雙方講不下去，果汁王就要走了，精神病患的對話常常沒頭沒尾。住院時最重要的是每天四次的服藥，其他時間，老實說，你很自由，大家都會聊聊，沒有目的，各自閒話。

我也好不到哪裡去，那次住院診斷，我也是有躁鬱症，這是什麼意思呢？就是一方面情緒很容易高亢，一方面又容易低潮，總之沒辦法控制好自己的情緒。

家人和我說話，有時我會情緒性地大喊，想要衝出家裡，家中沒辦法，就只好叫警察，叫救護車，送到急診病院。

被送進急診室時，就更難平靜下來，心裡想：「為什麼是我？」

打了針，我昏睡過去，接下來經過一連串的診療流程，醫生說建議住院，我同意了，我就進了精神病房。

唐吉訶德

我請老婆幫我帶了書和一些索引卡片，喜歡寫字的我才有機會可以寫一寫，每天，我都會寫下一些想法，我知道在精神病院會有許多時間，不想讓時間就這樣都浪費了。

我也希望，藉著寫日記，來了解這位有時候我並不了解的永錫。而其他的時間，我還閱讀老婆帶來的書，打發時間。

「你在看什麼書呀？」果汁王來到我身邊問著。

我在病房的公共區域，這是一天的自由時間，大家都在看電視新聞或電影，我覺得這樣有點浪費時間，所以讀著「唐吉訶德」，這本書超厚，我準備每天讀一兩章，我把書本秀給果汁王看。

「這是西班牙的書，我和你說，我去過西班牙耶！」果汁王的聲音很開心，他對旅行真的感興趣。「這本書好看嗎？」

「男主角好像也是個神經病，有了自己的夢想，就無論如何，勇往前進。」我想了想後回答。

每個人都可以從唐吉訶德，看到自己的影子吧！

╱ 五行健康操

五行健康操的音樂響起，我就到了公共區域，準備開始跳了。

「你認真跳五行健康操，表現好了，才能參加 OT 活動。」果汁王在我剛入院的時候曾經這麼說。

OT 活動（Occupational Therapy，簡稱 OT）稱為職能治療，一住院，護理長說明 OT 治療的內容，但是完全沒聽懂。詳細情形是果汁王告訴我的。

「OT 活動，是男女混合上的，上午的 OT 有做美工，寫書法，跳跳舞，做些禮物什麼的，有老師帶領。」果汁王和我詳細解釋：「下午 OT 沒人帶，算起來有點像是自由時間，前半段時間可以自己選擇打乒乓，撞球，唱卡拉 OK，當然還可以做美工；重要的是後半段時間，可以走到籃球場放風一下，曬曬太陽，這是在這裡唯一可以晒到太陽的時候。」

「可以曬太陽？」我驚訝地問，精神病院的資料流通，大多要靠病友之間的傳遞。

「對呀，所以你要好好跳五行健康操」果汁王勸我。

於是，我上午及下午，一旦音樂響起，我就去跳五行健康操。

但是，果汁王從來不跳，我以為是因為他是老鳥了，但是其實其他人也不跳，後來我才知道，只要住院一週就可以去 OT 活動，和跳操沒什麼關係，果汁王弄錯了。

不過，我還是繼續跳五行健康操，因為健康是自己的，在精神病房躺著的時間實在太多了，一定要增加自己動的時間才好。

果汁王的媽媽

某一天的晚上七點，這時候是家人探望時間。

「哇 ....」一陣慘叫從果汁王的房間傳來，大家才驚訝地轉頭看著病房，只見果汁王從房裡衝了出來，速度非常快，兩眼血紅。

值班護士立刻按下警鈴，隔壁女生房的安全警衛也立刻過來支援，三個人抓住果汁王，護士也尾隨他，帶果汁王進入禁閉室。

我看著這一幕，心中不解，突然眼角掃到一位老太太從果汁王的房間走出來，看似是果汁王的媽媽，一位護士也迎過去，和她說著話。原來果汁王的媽媽來看他，但是兩個人有了口角，果汁王情緒爆炸了。

在精神病院，情緒失控的唯一去處就是禁閉室，在精神病院情緒失控的人永遠不只一個人。

我聽著，果汁王的持續大叫的聲音從禁閉室傳回來，後來悶一聲似的，突然不見，看來是挨了一針鎮定劑。

果汁王的媽媽持續一個人坐在那邊，一句話都沒說，過了幾十分鐘，一個人默默地走了。

「你還好嗎？」第二天早上，果汁王一跛一跛地走回來公共區域，一臉疲憊的表情。

「你扶我一下好嗎？走到房間好累，被綁的地方好痛。」他抬頭和我笑一笑。

我扶他到病房，幫他躺在床上，還去裝了開水，讓他喝了點。

「謝謝，昨天老媽和我說，出去後，要好好找份工作，不然家裡沒錢了。我說我一直住院，吃了好幾萬顆藥，頭腦都變笨了，怎麼找。」果汁王精神官能症的病史，已經超過十年了，什麼藥都吃過一大堆，連我狀況相對穩定，每天都要吃上幾十顆藥，很正常。

「我也很想找份工作呀，不想只做果汁，薪水超低，但我媽媽音量就提高了，還講到我死掉的爸爸，一直講，一直講。我一直壓抑，一直壓抑....」他頭往下垂，和我解釋昨晚的狀況，我聽他講，動都沒動：「我也還想要出國玩，我好喜歡旅行。」

「………」我不知道如何回答。

「等下可以幫我點杯果汁嘛」果汁王自故自的講：「我想睡一下，下午就有果汁喝了。」

「嗯！」做為朋友，這點忙還是要幫的。

乒乓球

「一起去打乒乓球吧！」果汁王問我。

精神病院的人，很容易遺忘任何事情，過了一陣子，果汁王和我彷彿什麼都忘了，又開始交流互動起來。

「沒問題，一起打吧！」我小學的時候打了幾年乒乓球，沒想到果汁王也打得還不錯，而且輸我一些，打起來分外有趣。

「再來一盤！」果汁王輸給我，還是笑兮兮的。

台中榮總精神病院下午的 OT 活動可以去戶外的籃球場的，打了乒乓球後，我和果汁王跑去籃球場。

一開始拿了籃球玩，但是一下子兩個不曬太陽人就很累，坐在屋簷下聊天。

「其實，我很怕自己老，我們家只剩下媽媽，她靠打零工生活。」果汁王說起家裡的事情：「但是，我回去也是去做果汁，下班後打電動，四十多歲了，沒有做過正經的工作。一旦覺得自己怪怪低，就可以跑來門診，一年有一兩次住院，這樣可以賺些錢。」

我驚訝的發現，果汁王住院原來是一種"賺錢"的事情。很久以前他保的終身醫療險裡，讓住院成為了他"工作"的收入之一（可以領住院理賠）。

在他無法賺錢時，就可以去找醫生門診，說自己憂鬱症，如果醫生判斷也是如此，住進病院，他就可以賺一些錢了。

「你難道就準備這樣過一輩子？」我慢慢說出口，無法忍住地提出問題。

「你知道我是台中一中畢業的嘛？」果汁王瞇著眼睛，看著天空，好像深深吸入一口煙一樣：「高中的時候，蹺課打彈子（撞球），跟著道上的兄弟混，當小弟，不讀書，後來都找不到工作。」

聽他說起，他台中一中同學，很多都混的很不錯，但是果汁王看見他們，就低著頭假裝沒看到，他的同學也假裝沒看到，兩邊的世界，越離越遠了。

「走吧！回去了，護士叫集合時間快到了。」果汁王拍拍屁股，往兵乓球室走。

第二次住院

「你，你怎麼又進來了？」果汁王一臉吃驚。

在病院住了一段時間後，我請老婆幫我提早出院，和醫生提出後，雖然不是很願意，但是他還是讓老婆寫了出院同意書，由我們負起全部醫療的權責，接著就出院了。

回家後，一開始彷彿回到正常的生活，但是一、兩週後後，情緒仍然起伏不定，會和老婆吵架，幻覺也常常迎面而來。某天全家在家吃晚餐時，我大吵大鬧，連孩子都察覺到不對，兒子建議媽媽要把我送住院。

救護車迅速趕到，送到台中榮總的急診診療室，一群人壓制我綁在床上，從我的右手臂打入鎮定劑，我睡了過去。

隔天，我見到了果汁王。

短短幾個月內二次住進精神病院，也是夠了。

打從第二次住院第一天，我就發誓，要依照醫囑，順利出院。不要自己搞小聰明，想依賴自己的方法回到正常。

我寫書法，雖然學生畢業後從來沒寫作，但我發現我頗喜歡。

我寫作，有一位病友以前是出版社老闆，他勸我不要再看那麼多書了，我的年紀，應該做的是多寫書，所以我也多寫文章，思考新書的架構。

我關心他人，新進來的病友來臨，我和他說明病院一些特殊的規則，像果汁王和我做的一樣。

／ 出院

「果汁王，你要出院了呢，有什麼感覺？」我問到，急性精神病院只能待 60 天，我回來了，果汁王卻要離開了。

「哪有什麼感覺，進出太多次了。」果汁王還罵了聲國罵。

「我和我媽打了電話了，現在時間過了，她都還沒來。」果汁王彷彿沒聽到我的話，在自言自語。

要離去的病友，就不會對精神病院有任何眷戀，直到出院後遇上太多的不如意，才會回想起這裡，精神病院是精神病患的生命避風港。

在這段日子裡，我都維持著寫日記的習慣。

一開始，是寫在一本小本子，後來請太太帶了黃色的 Legal Pad 來寫。

精神病院的時間太多，必須找事情打發，每天六點前後，就是我寫日記的時間，我坐在床上，在筆記本上奮筆急書，把一整天的感受及經歷都寫上去。

負面情緒的察覺，是很不簡單的一件事情。

我自己是個硬梆梆的人，就算自己捲入了情緒的漩窩，但是也部會感覺到。在出院之即，精神科醫生建議我，要找心理諮商。

而我，答應了。我做了心理諮商，後來也加入團體的藝術諮商。不僅如此，還參加呼吸課程，課後每週團連寫認真參加。最後，還去打羽毛球運動，讓自己體能增加。

因為，我不想再次走入精神病院了。

再遇果汁王

「永錫！」走在台中榮總門診藥局，突然有人叫著我。

「果汁王，你怎麼在這裡？」我是來看精神科蔡醫生門診，沒想到在領藥的時候遇到他。

「你怎麼還拿這麼多藥？」果汁王吃了十幾年藥，一看到我藥的份量，驚訝的說：「我現在一天才吃十顆藥。」

「沒辦法，可能我情緒控制還不夠好。」我不好意思地說，雖然

出院三個月了，但是藥量沒有減少：「你最近還好嗎？」

「還行啦，我跑回去做果汁了，雖然賺得很少，但是有事情做比較安心。」果汁王還是做果汁比較習慣。

「現在我們都有手機啦！加個 Line 或電話號碼吧。」遇到好朋友特別開心，想要留一下聯絡方式。

「我還不能有手機，因為我都亂打電話給病友，和他們借錢。」果汁王低下頭，低聲說：「醫生和媽媽決定把我的手機沒收了。」

「……」果汁王真的病好了嗎？我也不知道。

「好了，我要走了」果汁王開朗的聲音傳來「至少我們都出院了，就應該要開開心心，不是嘛？」

「對呀，那就先再見囉！」我也用興奮的語氣回應。

看著果汁王越走越遠的身影，我心中有點感慨 .....

在九宮格年度目標的「人格、內在」欄位，要寫的是自己內在的深層，就像是一條河流，表面的水流是我們看到的部份，底層的河床是看不到的部份。

人格的形成，是我們把對外界經驗內化的過程，我藉著自己在精神病院的日記，透過果汁王這個角色（這個角色其實是我三位病友的融合），跟大家分享我對自己內在的觀察與成長。

2-8

學習的檢視：
回顧我 12 年的成長

從 2006 年開始寫日記，有一個目標欄位是學習，每天我都把各種學習的成果，寫在日記之中，日積月累，每一年我都因為學習有了巨大的成長，這些成長在當時並不明顯，但是以一年的距離來看，對我的人生確實產生很深刻的影響，就讓我們來看看我這 12 年的學習日記總結吧！

2006 年的學習：開始寫晨間日記

在 2006 年 1 月，我經由群組中的網友介紹「晨間日記的奇蹟」這本書，大家便在群組中學習起來。

有人製作 Excel 模版、也有人寫了程式，更有許多討論在 Google 網上論壇發生。

我身為帶領群組寫日記風潮的人，更是兢兢業業，不僅自己寫日記，還回答了許多剛剛寫日記的朋友問題。

幾個月我更在群組舉辦的第一場聚會中用 12 張投影片演講了 20

分鐘，主題正是「晨間日記」。

正是由於我的學習，發現了寫日記的方法，也由於寫日記，我的人生走入了另外一個階段。

我到現在都常常寫下這樣的新學習日記：

「今天閱讀「第八個習慣」一書，靈機一動，搜尋網路後居然發現有一個網路讀書會招生中，立刻申請加入，期待和同好交流。」

「今天第一次站到講台上分享寫日記的心得，雖然有投影片，但是好緊張，演講完還有人提問，很仔細地回答了他的疑問。」

2007 年的學習：我的第一場演講「晨間日記」

2007年，我正式踏上講台演講三個小時的晨間日記及時間管理，雖然是免費的演講，現場到了九十多個聽眾。

這場演講對我而言很重要，這是我第一次看到了許多來自全台灣，對時間管理有需要、有熱情的朋友，喜歡這個議題的愛好者。來自台北有九人，高雄北上有十五人。

不僅如此，來自高雄的宋老師邀請我在高雄舉辦一場收費的演講，後來招生了120個人，也讓我見識到講師可以是一種商業模式，為未來我成為職業講師，埋下一棵種子。

這場演講也有許多人對演講中的「成功日記」橋段非常感興趣，甚至寫成部落格文章分享，這讓我發現其實簡單、有效的小行動，可以讓人生產生深刻的改變，也讓我致力把複雜的知識及技術簡單化，讓人更容易學習。

這時候，我只知道好好做好自己的工作，照顧好家人，有空的時

候閱讀、寫作、分享在網路上，並回答網友各種寫日記、時間管理的問題。這時，其實我只是一個小鎮上的英文老師，不知道命運逐漸被我學習及產出的能力改變。

回顧那一年的開始，也讓我後來有一天，實現了這樣的日記：

「參加青商會講師訓練營，課中教授了投影片、講義、練習手冊（Workbook）三者的不同，對未來的演講一定幫助會很大。」

「在 Google 北京分公司演講，感謝凱華的引薦，讓我有機會和第一流的 Googlers 們交流時間管理這個議題。」

2008 年的學習：推廣寫晨間日記

「你貼上 " 我寫晨間日記 " 貼紙了嗎？」

為了慶祝晨間日記寫滿一千天，當時準備了一個 " 我寫晨間日記 " 的貼紙讓大家下載。

而我也發現，這一千天的學習，讓我從小鎮的英文老師，成了巡迴全台演講，並開辦公開班的職業講師。

回顧我 2008 年的學習日記，充滿了許多的驚喜，很重要的一個原因是，我開始舉辦實體的「一日時間管理研習會」，每次都公開招募學員，用一整天（後來變兩整天）的時間來研討時間管理問題。

之前時間管理同好都只在網路上碰面，或者是閱讀我的部落格文章，或許是在 Google 網上論壇留言，但是有了公開的研習會，大家付費來上課，有了許多「新的學習」。

首先，能夠學習更加有系統的知識；其次，能夠連結成一個穿透虛擬與實體的社群，共同學習；最後，作為一個職業講師，有了這

些收入，我可以更加專注於研究上，製作出更好的內容。

目前我已經舉辦五十多屆研習會，持續網一百屆的目標前進，這個研習會確實幫助了上千人，並且變成一個社群，也幫助我取得更好的收入。

每次我舉辦完研習會，都會在日記寫檢討，也因為如此，研習會才能持續進步。

這個階段的學習，也寫在我的日記上：

「晨間日記寫滿第 1000 篇，買了一台數位相機獎勵自己的努力。」

「弘琪建議我舉辦時間管理研習會，應該有個品牌名字，思考許久後，我覺得『幸福行動家』這個名字應該可行。」

2009 年的學習：打造一個 iPhone App - Getideaz

2000 年我在美國和表哥買了一台 Palm III，從此我開始隨身都帶著這個 PDA（Personal Digal Assistant，個人數位助理）十餘年。

我也非常喜歡在 Palm 上的許多時間管理軟體，在我的心中，一個軟體就是一本書，讓我學習到程式設計師的對時間管理的思考，我也會在日記裡面，記錄對軟體的思考，打磨自己使用軟體的能力。

而在十幾年中，我目睹 PDA 變成了 iPhone、安卓手機，從極小眾的工具，變成了幾乎人手一隻，無時無地，每個人都在"滑"手機的時代。

2007 年，我開始也使用蘋果電腦，讓我進一步理解蘋果生態圈

上優秀的生產力軟體，對於我而言，這些軟體就是幫助我節省時間的〞利器〞。

我常常半夜想到某個軟體能夠做到某個功能，偷偷爬起床跑到筆電旁邊下載，測試功能。也寫了大量的時間管理評論文章，或許分享使用的哲學，有時候是工具細部操作教學，沒想到時間管理軟體系列文章，受到極大的歡迎。

2008 年蘋果電腦開發 App Store，身為 iPhone 使用者的我躍躍欲試，開始尋找這個領域的程式工程師還有專案團隊成員。2009年架構出團隊、資金到位、開始開發討論。2009 年 5 月 Getideaz 這個生產力 App 上架，擁有塗鴉手寫、鬧鐘設定等好用功能。

從軟體使用者到軟體開發者，是非常好的學習體驗，我也詳細寫在日記裡面，讓自己的經驗得以累積。

「買了 iPhone 第一代，使用起來不大便利，效率低於 Treo 650，決定讓老婆使用。」

「在部落格發表一篇 iGTD 的文章，討論管理多專案的使用心得。」

「和錫平及 Vista，決定了 Getideaz 的 UI 設計圖。」

2010 年的學習：群體學習

「學習只會在團體中發生。」這是我上陳怡安老師「敏訓」收穫最大的一句話，我也將之記錄在日記之中。回想起我的學習，也是有一個又一個實體或虛擬的群體，讓我從年輕的懵懵懂懂，到現在對群體學習的熟悉及熱衷。

從我開始寫日記後，我就會記錄自己在青商會的學習，我在其中學會如何成為領導者、辦活動、心智圖、講師訓。

　　青商會是實體領域，我也在 Palmislife 這個 Palm 使用者俱樂部中，交了一群虛擬世界的工具愛好者（Geek）。

　　2008 年搬到台北後，我也參加 TaipeiMac 這個蘋果電腦愛好者社群。另外還以講師身分，加入世界華人講師聯盟以及 BNI 商聚人。

　　這些實體或虛擬的社團，讓我有實體碰面的交流，傾聽專業人士的演講。而在網路上，和同好的文字交流，教學相長；有時候網路的朋友走進了實體世界碰面，確實讓「學習發生於團體之中」。

　　我也體會，身為一個自由工作者（Freelancer）一定要學會在實體及虛擬之中學習，不可偏廢，而且要好好記錄所學，並反芻運用，再把心得記錄起來（例如寫日記），這樣才能持續當好學生，精進自己的專業。

　　這一年的日記回顧，我看到了：

　　「舉辦彰化縣第六屆英文演講比賽順利成功，感謝青商賴會長、會友及秘書鼎力協助。」

　　「TaipeiMac 聚會，這次由曾元譿老師講蘋果電腦裡面調配顏色，對裡面 Muji 紅印象非常深刻。」

　　「參加講師聯盟理事會及月例會，討論「陽台上的人」活動事宜，我和惠蘭擔任主持人。」

2011 年的學習：一千個真正的粉絲

「創作者只要找到一千個真正的粉絲，每年花一百美金來買你的作品，也就是一年有 10 萬美金收入，已經夠養活自己了。」這是 Kevin Kelly 的經典名言。

Kevin Kelly 是全球知名的趨勢學家，他提出的「真正的粉絲」(True Fans) 的概念，深深影響了我。

「真正的粉絲」是肯定你到願意付費買你任何產品的人，如果你先定一個目標，讓一千個粉絲非常非常滿意，願意花一百美金買你的產品，那你就不需要再為生計太過發愁了。

查看我的日記，到 2011 年底我就寫了一千篇部落格文章，台灣和大陸的部落格點擊都破了百萬人次。在虛擬的世界裡，我還透過臉書和微博（那時微信還沒興起）和讀者互動對話。

實體的活動也很重要，我透過各城市的社群活動及演講，讓真正的粉絲浮出水面，我的研習會在台北、北京、上海、深圳等城市舉辦，常常有許多粉絲不遠千里而來。

上過課程的學員也重複我的動作，開始寫部落格累積虛擬粉絲；和網友互動，回答問題；舉辦實體的演講及社群活動。

而這些粉絲還能夠相互分享。

而我發現，一千個「真正的粉絲」真的存在，也真的可以照著這個方向去做，讓我有更多的時間，專注研究時間管理工具，甚至多寫幾本書。

在這個網路時代，創作者有更多機會，用自己的專長技能工作，賺取足夠的收入。

也分享一下，我在 2011 年寫的一段日記：

「每一個閱讀過我文章的讀者，像是一片片小小的雪花，我細心呵護，先是用手接著雪花，後來捏成一個小雪球，持續這個動作不斷。當雪球變大後，把他放到雪地上，推著雪球慢慢滾動。當坡道夠長，濕雪夠多，就會變成越來越大的人脈雪球，直到不需要我們推動為止。」

2012 年的學習：開始用 Evernote 寫九宮格日記

2012 年，我開始使用 Evernote 來寫晨間日記。

其實 2006 到 2010 年，我在 Excel 寫日記時時遇到一個惱人的事，就是無法在日記中插入過多相片，當時已經儘量縮小相片大小了，但是到了 2009 年，還有有許多晨間日記檔案打不開。

打不開日記，就寫不了日記，於時我開始尋找新的日記工具。

2010 年，我搬移到 Memiary 來寫日記，這是一個完全免費的網站服務，當時也很努力的改版。但是他有個問題，簡單的說，這是一個無法插入圖檔的成功日記，最大的好處就是可以同步到手機上，也可以在手機輸入，而我也在其上寫了兩年的成功日記。

2012 年，我在好朋友了寶爹的推薦下開始使用 Evernote 來寫晨間日記，原因有以下幾點。

首先，Evernote 搜索速度快到不行，我日記裡面常常寫著人名，記錄我和他人碰面的經歷，只要一搜索人名，日記內每一則和那人碰面細節立刻找出來。

其次是免費，Evernote 每月上傳超過 60MB 才收費，只要不上

傳太多圖片，基本上就是個免費日記軟體。

其次是多平台，手機、電腦各個平台都有應用程式可以下載，這樣到何處都可以搜尋了，並且雲端儲存，不用怕日記資料丟失。

最後，就是多媒體，你可以上傳圖片、檔案，這樣就可以寫圖文並茂的日記了。

我當年開始轉換日記工具時，寫下了這樣的日記：

「在了寶爹建議下，今日下載 Evernote，可以插入圖片及檔案，未來可以考慮作為寫日記軟體使用。」

「今天寫日記時，搜尋一下"義國"，看到上次他舉辦同學會時大家拍的合照，真希望下次同學會的來到。」

「早上比較忙，沒時間寫日記，這則日記是在高鐵上，用語音輸入方式完成。」

2013 年的學習：西南航空

「生活不只有苟且，還有詩和遠方。」這是高曉松說的一段話，我很喜歡。

從 2007 年開始演講，我就開始旅行。

一開始飛到了北京，走了 Google 北京分公司及北京大學。

接著飛了美國，學習 GTD 這個我認為世界一流的時間管理理論。

而在台灣更是南奔北走，跑了大大小小數不清的城市。

慢慢走下來，我也穩定於幾個大城市群出差、工作及學習。

北京，是媒體的重鎮，我第一個演講的內地城市在北京，幫我出書的出版社在北京，許許多多的媒體機會也在北京。

深圳，我的主客戶及合作團隊的基地就在深圳，也漸漸成為我在內地發展的重要基地。

上海，這個城市有許多時間管理領域的同好好友，還有鄰近不遠的杭州，是我長三角地區去最多的兩個城市。

重慶，由於幾次到重慶客戶公司內訓後，和西部（西安、成都等）幸福行動家有越來越多的互動，未來也會在重慶舉辦幸福行動家的研習會。

台北，是我舉辦研習會、各種活動、出版書籍的基地。

而我的家在台中，一個慢城市，每當出差完畢，我就渴望能夠回到我溫暖的家裡，和我的家人在一起。

2007 ～ 2018 年，十餘年我在這幾個城市之間飛行，慢慢地，有更多幸福行動家加入飛行的行列。

北京—上海：張玉新在北京清華讀書，後來舉家遷到上海工作，他會在這兩個城市來回旅行。

北京—深圳：阿雷家住廣州，北飄北京，他不時回華南，走走廣州，也會到深圳。

北京—西安：鄒鑫住在西安，寫了一本「小強升職記」的時間管理暢銷書，他會常常到北京，有時是上課，有時是和合作方討論案件。

北京—台北：大志畢業於台中一中，後來便飛到北京發展，最初任職奧美廣告，目前仍在廣告業努力打拼。

上海─台北：Rachel是桌遊引導師，住在台北的她，嫁給了上海人，工作的關係，每個月兩地飛行。

上海─西部：Monica 是個在上海、西部兩地跑的台商，幫助一些內地企業做高階顧問案。

上海─深圳：周雋住在珠海，但也是幸福行動家華南區域社群的創建者，她娘家在長三角，每年會到上海及杭州好幾次。

深圳─台北：了寶爹是個台商，常駐深圳，並創立了四家公司，也幫永錫舉辦深圳的幸福行動家研習會。

深圳─西部：童年柯睿雖住在重慶，但是學習力和移動力都很強，會定期飛到深圳做案子或培訓。

重慶─台北：我自己這幾個月飛了重慶到深圳的案子，也把幸福行動家種子灑到這個城市裡。

　　原本，我只是來回在幾個城市跑動，但是發現接觸的人，碰到的事情，讓很多人開始藉著高鐵、飛機，快速行動，幸福行動家形成了一個很大的網路，我稱為「西南航空」（西南航空初期只擁有三家波音 737 飛機，主要提供德州三大城市，包括達拉斯、休士頓及聖安東尼奧客運航班服務，我則設定華人五大城市群）。

　　我希望未來的十年，這個「西南航空」策略得以持續，並建立出更大的綜效。

2014 年的學習：黑狗

　　「心中的憂鬱就像黑狗，一有機會就緊咬著我不放。」邱吉爾的名言。

2014 年初，我慢慢地走進了憂鬱症，這年我 44 歲。

從小，我的思想就比較灰色，記得我在高中時，想法是很「厭世」的。在我 25-35 歲間，我得過 4 次憂鬱症，但是開始寫日記後，有八年，沒有任何憂鬱症傾向。

我演講、開公開班，運動、和家人出遊，看似人人羨慕的背後，我越來越憂鬱。

這是一堂人生的課程，只是科目叫做「下沉」。

現在，我回顧當年的日記，根據我的日記記載，發病的原因"可能"是這樣的。

招生，當時要舉辦幸福行動家第二屆年會，地點在深圳，但是我在台中，不管招生或行政都讓我覺得很困難。不僅如此，原本研習會也需要招生，套句老婆的話「只要招生不好，你壓力就大」，這也是一個原因。

朋友，自己工作的緊繃，老婆也忙於童裝店創業，之前沒有好好經營台中的社交圈子（從台北搬下來兩年），心思都在外面，需要找人傾吐的時候，竟然不知道和誰說起。

完美主義，現在的我回看過去的我，真的不懂鬆和慢兩個字，一個創業者的挑戰是不間斷的，不懂得在音樂中安排休止符，讓自己暫緩一下，真的會讓人「破裂」。

於是我看到 2014 年 8 月 24 日的日記寫著：

「早上開年會的會議，開到一半的時候覺得自己全身冒冷汗。」「會後去找老婆，她拉下童裝店店門和我去妙化堂拜拜，燒金紙，請求菩薩保佑。」「回台中的路上，老婆問我要不要去彰化基督教

醫院門診，我說好。到了醫院後，醫生診斷是重度憂鬱。」「打電話給童年柯睿，取消隔天去重慶的行程 ...」

憂鬱症是我生命中的黑狗，緊緊咬著我不放，這也是我生命的「學習課題」。

"而通過之後，我知道即便是黑暗之中，還是可以寫下日記 "

感謝老婆的陪伴，這一段時間，我的心情不好，身邊的人壓力也不小，憂鬱症不可怕，不去面對它才可怕。

2015 年的學習：回到舞台

「我不求主指引遙遠路程，．我祇懇求，一步一步導引。」慈光歌。

從憂鬱症中走出來，其實很不容易，心裡的傷痊癒了，但是就是走不出來。

某個好朋友剛剛參加完三鐵，特別來找我，她說：「跑步可以治癒憂鬱症的。」第一天沒跑，第二天跑起來了，我總算有了一項運動。

去講了一個公家機關的演講，3 小時的課程，準備了 40 個小時，被稱讚了，心中的大石頭才放下，原來，我還可以講。也體會到，沒有付出努力的東西，不會珍惜。

也要謝謝幸福行動家們，讓我知道，不僅社群不會消失，團隊也

不會消失。

你問我在憂鬱症的期間，有沒有每天寫日記？當然沒辦法每天寫，當我們在水中滅頂的時候，連呼吸都來不及，哪有時間做別的事情。

但是，都記得，因為日記，就在我們的心裡。

在回到舞台的這一年，是我最喜歡的日記：

「早上出門跑步，一開始好艱難，但是總算跑了兩公里，明天也要繼續跑下去。」

「感謝了寶爹及阿雷，願意擔任深圳及北京場研習會主辦人。」

2016 年的學習：出書了

這是我 2016 年 2 月 19 日的日記：「在去岡山的高鐵班車上，想出了 LINE+STAR 管理系統的表格，填寫後可以幫助使用者快速掌握自己的工具和清單，畫完了，立刻和 ESOR 討論，這很棒耶！」

我從 2000 年開始寫時間管理的文章，16 年後的 3 月 12 日「早上最重要的 3 件事」出版，而電腦玩物部落格格主 Esor，就是我的編輯。

這本書不僅僅在台灣小小暢銷，在豆瓣上由白小茉和我重新改寫的簡中版「每天最重要的 3 件事」，擁有 8.3 分的高分（60 個評價），也算是小小的台灣之光。

我從此也真正相信，每天寫日記，可以增強自己對文字駕馭的能力。而書寫每天發現的新奇知識及技術，可以讓自己學習能力提昇。分享自己所知所能給其他人，更可以讓自己對事物的理解更深

一層。

你，要不要考慮一下，開始每天寫日記呢？

日記範例：

「台北新書發表會由 Esor 和我同台演講，現場來了一百多人，並第一次和大家用時間管理帝王表找出自己時間管理工具系統的問題，並找出改善的方式。」

「在北京舉辦新書發表會，白小茉和我各講半小時，現場反應很熱烈，會後到二環內某個小酒吧喝酒，十幾個老朋友，聊著、喝著、唱著好開心。」

2017 年的學習：黑狗 II

人生有很多正面，也會有負面的事情。

以前寫日記的時候，常常寫負面的想法。

家裡面，養家活口財務壓力很大，和家人相處氛圍不佳、原本的溫暖，現在成了冷冰冰。

工作上，競爭對手抄襲，合作夥伴窩裡反，威脅提出告訴，被長輩的無意傷害真心。

感謝日記，我得以把這些情緒及感受真實寫在日記之中。

就算是深深的藍色海洋 ...

2017 年底，我又再次遇上了憂鬱症，這次住院了將近兩個月。但是這次有所不同：憂鬱的我，卻有堅韌的心，在我入院的第一天，我就很明確地知道，我會知道我會抬頭挺胸地走出來。

我配合服藥，與護士諮商，想盡辦法讓自己動起來，結交病友，寫書法鍛鍊專注。一切的努力是有效地，醫生總算讓我出院。但是，回到正常生活的旅途才剛剛起步。

醫院及家人希望我去做心理諮商，我去了。好朋友邀請我去上羽毛球課程，我去參加了，雖然第一次上課就跌倒了三、四次。（服藥副作用）。老婆建議我去上靜坐瑜伽的課程，我報名了，並且每日打坐兩次，每週團練至今。心理諮商老師推薦我去上藝術治療課程，我開始畫油畫及上團體治療課程，我樂在其中。

> **我花了很多的時間來強健我的生理和心理，**
> **我知道這隻黑狗一直在我身邊，**
> **而我要學習和他和平共處。**

於是，在這看似要下沈的一年，我寫下的日記卻是「快樂」的：

「今天去上夏老師油畫課，忘了帶工具箱，和同學借了原料，但是覺得今天頗有突破，下次開始畫第二幅油畫。」

「和 James 上羽毛球課，最近上的都是高遠球，我也發現在自己的腳力不大夠，要再鍛鍊。」

「發現 Angela 是快樂課程初級班的老師，以後可以多和他請教呼吸法的技巧。」

我是個很幸運的人，在開始寫晨間日記的這 12 年中，每一年我都努力進步，並且把這些努力寫在日記中。

2006 開始寫晨間日記（Excel）

2007 第一場演講，主題正是晨間日記

2008 舉辦一整天的公開班研習會

2009 開發了第一個 iPhone App

2010 群體學習的力量，讓自己與團隊學習力更強

2011 一千個真正的粉絲，從中找到商業模式

2012 開始用 Evernote 寫九宮格日記

2013 西南航空，架構兩岸五大城市群的社群

2014 黑狗，打擊我到深谷的憂鬱症

2015 回到舞台

2016 出書，這是我人生的目標，我實現了

2017 黑狗 II，感謝上天，我有了憂鬱症的機會，讓我懂得謙卑、懂得堅持

2018 第二本書！

未來 **無限的可能 ......**

2-9

休閒的檢視：
做自己感興趣的事

「現在，請大家思考一下，未來一年裡，在工作餘暇時間，你想要做哪些有趣的事情？和哪些人做？如何做？這是規劃年度計劃中的"休閒"領域。」聽著日本老師引導如何做好曼陀羅九宮格的年度計劃，心裡面轟的一聲，耳朵好像被震聾了，聽不到後來的聲音。

我從來不知道什麼是休閒（Leisure）呀？我只知道要努力工作。

休閒由兩個字，一個是休，休息，我知道，這個問題比較小。一個是閒，這個字我就非常陌生。時間管理不就是把所有時間填滿嗎？哪來休閒？

感謝日本老師，當時的震撼到今已經一年了，我慢慢找出自己如何「休閒」，分成和親人共處、閱讀、寫寫畫畫三個部分，也歡迎大家來看看我這一段探索之旅。

我的老婆是一個愛罵髒話的好老婆

有一個老婆，就是人生很幸運的事情，有一個和你在一起會罵髒

話，一起過人生的老婆，就是更幸運的事情。

會罵髒話，是因為她很真誠，家裡來自彰化縣花壇鄉的她，一向都和男孩子混在一起，特別會玩。

從剛結婚時，她就是一個愛到處玩的女孩。有了孩子，她成為一個上山下海，帶著孩子，全家旅行的媽媽。和我一起創業後，除了是工作的好伙伴，更是一個帶我去一個城市深度探訪的旅行伙伴。

我們會一起去吃麻辣火鍋，吃重慶小麵。

我們會一時興起，就和朋友到澳門來個一日旅行。

我們會探訪北京的小酒館，在冷得要下雪的天氣。

和自己愛的人一起做的事情，就是幸福。或許只是在民宿裡，聽著 Spotify 放的熟悉音樂。或許是陪著老婆去騎馬，幫她拍跑步的影片。或許只是兩個人躺在家裡沙發，看著電影。

我在四十歲左右領悟到一件事情，老婆或許是陪伴你最久的人，在我們工作之餘的休閒，若是有個好老婆陪伴，那是最好，若是她會罵髒話，相信我，那更好。

我家的老大都高一了，感覺時間好快，再過個幾年他們上大學，就可能離家外出唸書了，每次在一起，就覺得好珍貴。

在我們家，最舒服，最自由的時間，就是晚餐了，有時是老婆下廚，有時是我外出買些餐點，但是我們全家四口會坐在一起，共進晚餐。

我們家餐桌除了宴客外，是我的工作桌，加上孩子們都要看電視吃飯，所以一般用餐時，是在客廳的矮桌，大家席地而坐。弟弟喜歡看卡通，我們就全家陪伴他，吃吃聊聊，我才從中得到一些他們

的想法。

另外，我們一家會一起共度的時光是旅行，老大是個火車迷，他最喜歡去日本，因為日本近，鐵道資源非常豐富，每次去日本他就會和媽媽討論規劃旅遊行程，滿足他對日本鐵道的探索之心。

老二則是動漫及電玩迷，所以他最想到東京的秋葉原，購買最新款的卡匣或遊戲卡片，在這時沈默的他會滔滔不絕說著這些遊戲的緣起，各個世代演進，攻略的細節。

我們父子還會一起去看電影，尤其是漫威的影片，我們大都是一上檔就到影城報到，買著滿滿的爆米花，帶著大杯的飲料，一起度過愉快的兩三個小時。

「這世界不止眼前的苟且，還有詩與遠方。」我又想起高曉松的這段話，和家人的休閒，就是我的詩，也是我嚮往並前往的遠方。

這個暑假，我們家和岳父岳母六人要前往美國做二十五天的 Road Tour（公路旅行），大概要開 3,500 公里左右，人生還有遠方，你準備好和你愛的人一起前往了嗎？

讓我們一起寫下這樣的日記：

「在北京和一位台商朋友聚餐，他邀了幾位創業的朋友，老婆和我一起和他們喝白酒，大家氣氛熱絡，相約下次聊。」

「和孩子一起去看" 復仇者聯盟 3"，非常精彩，最後的結局很震撼。」

「今天全家盛裝打扮拍結婚十五週年紀念日，這是我們家每五年一次的傳統，除了在家中取景，還到了頂樓的公共區域及外面花園取景。」

我是一個愛看書的書痴

從小我是個痴兒，痴什麼呢？就是看書。

為了看漫畫，月考前一天，媽媽要到漫畫店把我拖回來

有錢時，買書一次買個十本，一天就把書看完。

沒錢時，就站在書攤前，站著把整本書看完。

我出生在彰化縣員林鎮上，整個小鎮沒有幾家書店，我的小學同學家裡開書局，或許如此，我常常到那邊逛逛，沒有錢買書，總有時間看看書，我常常去，所以把整間書局哪本書放在哪裡都背起來了。每次去都會把新書抽起來，看看內容，序文，同學的爸爸也不打擾我，就讓我好好看書。

在小鎮上，這個書店是我看到外面世界的窗口，我對課堂內的書沒有興趣，對書店的書興趣可是非常大。

小學的時候還有個嗜好，就是到親友家裡的時候，去看他們的書櫃。四舅家的書櫃上，放了很多世界名著，但是我看最多次的是表哥家東方出版社版的「薛仁貴征東」。

屘舅家有很多漢聲中國童話、吳姐姐講歷史故事，但是我最愛的是「丁丁歷險記」，22 冊根本看不完，回家前百般捨不得。

屘叔是武俠迷，小時候我就從他的書櫃看完了金庸全集，其他作者看不下去，於是反覆讀金庸。

振和姑丈住在美國矽谷，有一年我們去他們家住了一個月，百般無聊，我看完了他們書架上的古龍全集。

國中時，我喜歡科幻小說，看了當時倪匡所有小說，還有 Isaac

Asimov 的基地系列，以及我買得到，借得到所有科幻小說（厄叔的書櫃寶物不斷）。

高中時，開始啃大部頭的小說，從台灣、大陸、日本、世界文學，一本本從圖書館搬。印象最深的是看日本作者三浦綾子的「冰點」一書，看了通宵，才依依不捨去上課，當時還需要到操場升旗典禮，我就帶著小說去升旗典禮，在典禮上把結局看完。

其實說讀書這件事情改變我的一生，一點也不為過。

我在 2006 年，遇上了鄒景平老師，當時我買了 Steven Covey 的著作「第八個習慣」，上網搜尋有無學習的資訊，正巧見到鄒老師成立在 Google Gruop 的社群”落實第八個習慣＋感動”，成為第 16 個會員（最後有 1,125 位）。

曾任職資策會的鄒老師學貫東西，本身是 Steven Covey 與成功有約課程的講師，更有深厚中國文化的儒雅精神，這個社群舉辦了三次逐週讀書會，讀完了兩次「第八個習慣」，一次「與成功有約」，三次實體聚會，十餘本書籍的深入討論。

每天早上我閱讀、寫作、參與社群討論，直到孩子起床。我的生活變得不只一種工作，而是過上了一種新的人生型態。

我開始每天有大量的文字量產出，也在這個時候開始寫日記。在社群活躍的三年內，多讀了一些書，帶領讀書會，處理虛擬社群的爭議。

有了從小開始的大量閱讀，還有網路的力量，實體聚會的能力，文字創作習慣，我開始把閱讀的主題關注在我最喜歡的時間管理領域，進而結識了許多網路的朋友，從小到老，從北到南，非常享受和同好碰面相處的時光。

到現在，我還是持續在讀書，把書中所得投注到工作及生活之中，或者單純享受閱讀的樂趣。

這是我一輩子要做的休閒活動，歡迎你一起嘗試，或許，或改變你的人生也不一定呢，不是嗎？

「在台大集思中心舉辦自己第一本書"早上最重要的三件事"新書發表會，寫一本書確實要投注好幾年的時間，但是非常值得，對於閱讀，我永遠抱著一份敬畏之心。」

「在誠品信義店分享"什麼時候是好時候"一書，介紹了如何午睡、中間點等概念，為了準備這場一小時演講，看書五遍，更花了十個小時左右製作投影片，自己還是很滿意。」

「閱讀"一級玩家"，這是老二前陣子看的電影原著小說，裡面敘述了 1980 年代至今的電玩、卡通、電視等次文化，讀起來好過癮。」

從寫字的筆，到畫畫的筆

現在我在鍵盤上敲打這本書的稿件，左手側是昨晚躺在床上用 Apple Pencil 在 iPad Pro 寫的寫作大綱。這是我很愛的一隻筆，一隻數位的筆。

從小我喜歡逛書店的我，除了看書，就是去買文具，大學後，家裡給的零用錢比較多，我會去買日本 Pilot 的筆，在巴掌大小的筆記本上記事情，寫想法，要做的事情，讀書筆記，自我檢討等。那應該就是我最早期的日記，寫了上百本筆記本應該有，我很享受在筆記本上塗寫的的時光，那是我的休閒。

2000年我三十歲，我買了一個神奇的東西Palm的PDA（Personal Digital Assistant），型號是 Palm 3，記憶體是 2M。這個隨身的小電腦上面有許多的 App，更棒的是 PDA 還附帶一隻觸控筆，除了增加輸入速度，還可以做一件事情：塗鴉寫字。

Palm 系統有一個 App 叫做 DiddleBug，你可以想像這是一個電子便利貼加上鬧鐘，我用這個 App 來做時間管理。

他像是便利貼可以寫成行動清單，但是必須用觸控筆把中文字一個個寫上去，後來打造了我一個奇怪的能力，我能夠在很小的空間裡，用觸控筆寫出很小的字。

2008 年我入手 iPhone，沒有觸控筆，這時我的手指就是觸控筆，在小小的螢幕空間裡，我記錄了大量的靈感及點子，這是我發現世界的筆記。常常我在半夜，打開手機，記錄自己的筆記，沾沾自喜，像是發現了這個世界什麼秘密。

2010 年 iPad 發表了，我在很短的時間內就入手，一個更大的螢幕，就像是一本更大的數位筆記本，更有數十萬種 App 可以更替。很快地，許多廠商提供了各式各樣的觸控筆。經過了十年用數位筆在觸控螢幕上塗寫的時光，我開始畫畫了。

一開始是寫部落格文章需要插圖，為了版權問題，就從 Google 圖片搜索找到一些圖片臨摹；後來開始演講，投影片也需要做大量視覺，這時我畫畫的興趣就很有用了，我的投影片裡有許多我親手繪製的圖片，比起原本冰冷冷的投影片好多了。在我第一本書出版之際，我也請了盧慈偉老師幫我繪製視覺圖片，讓整個學習的體驗更佳。

也就是慈偉老師的介紹，我認識了 Apple Pencil 這個神器。這是

我買過最貴的一隻筆，但是在 iPad 上面塗寫時的體驗也更加流暢，以前在 iPad 上就有許多世界一流的繪圖 App，Apple Pencil 的優異性能讓他們的威力添加了一倍。

但是，我也同時發現，人生並沒有因此變得更佳幸福，數位世界的好，只是人的一部分，雖然我不知道真正能讓生命安頓的方法是什麼，但是我知道我運用心的方式出了很大的問題。

我住進了精神病院，近二十年來，我真正放下手上這隻數位筆，這隻可能隔絕了我和真正人群互動的筆。經過四十幾天的住院，我出院了，醫生建議我要進行心理治療及藝術諮商，這個機緣，讓我重新拿起了一隻筆：畫筆。

我的藝術諮商老師夏老師，要我們帶一本本子，和一些筆去上課，上課時總要我們寫一些名字在筆記本上，例如樹、河、石頭、魚、狗、雲、陽光、山、桌子、椅子、小草、蘋果等等。接著，要畫出這些物品的狀態，或許是很知足，或許是憤怒，可能是畫出正向的心態。

我握著色鉛筆，一筆筆塗著，每週兩小時，已經八個月了，我發現我比較能夠開展一些生命的可能性，不再堅守生命的慣性，不再讓自己成為格式化的生命，不再以絕對值來衡量生命中的事物，我發現了除了我自身的小世界外，還有更大的世界。

我感謝我手上的筆，感謝攤平的筆記本，這是我的喜愛，我的休閒，而這一切和愛有關。

「和慈偉老師討論書上的繪圖，今天有很棒的一張圖是"青蛙與番茄是天造地設的一對"，讚。」

「到夏老師畫室做心理諮商，今天是畫菜刀，要畫出 20 個圖，菜刀的女友、爸爸、情人、老婆、哥哥、鄰居、老師等，恩，當個藝術家很不容易，畫得滿頭大汗。」

╱ 結語：

我用親人、書、筆三個角度講完了我在休閒時間最喜歡做的事情，這也表示，我們介紹九宮格目標將要告一個段落，讓我們來做一下複習。

A. 健康

我們檢視了食、動、靜（如何吃？如何運動？如何靜心）三個概念，如何幫助我們獲得健康。讀者在寫日記時可以依照食動靜三個領域來檢視自己的健康情況。

B. 工作

身為一個自由工作者，我更需要覆盤每日作息，讓自己能夠精益求精。讀者可以藉由日記來檢視自己不同工作（出差、辦公室等）的作息。

C. 財務

我和 Chuk 表哥的互動寫在日記上，讓我複習從他身上學到的財務知識。各位可以和比自己財務知識多，有正確價值觀的朋友學習，寫成日記，勇敢承受事業或家庭財務壓力。

D. 家庭

描述了苗家和張家這些年互動故事，有了日記的紀錄，這些互動的點滴串連在一起，更加珍貴。真的鼓勵大家可以好好寫家庭的日記，不論對長輩、親密伴侶、家庭好友或孩子的紀錄，都會讓自己寫日記的時候心有暖意。

E. 社會及社交

藉由和叔叔的交流，我瞭解了當個付出者的重要、參加社團的好處、以及做公益的快樂。

F. 人格與內在

故事裡面的果汁王，和我一樣是個病友，他的故事就是我的故事，每個人都有脆弱、低潮、充滿負面情緒的一面，懂得自己感受，進而處理這些感受，是一生的功課。

G. 學習

我仔細閱讀這十二年的日記，舉列了自己階段性的學習記錄。

H. 休閒

我們工作餘暇的時間作什麼？我是和家人共處、讀讀好書、寫寫筆記、畫畫圖，讓自己放鬆下來，那你呢？

寫下八個領域的九宮格日記，讓自己可以檢視是否在這八個領域朝著自己的年度或遠期目標邁進，是我寫日記這些年來，覺得威力無窮的方法，希望也能對你有所益處。

第
・
三
・
部

練習的方法：

每天寫日記的技巧與工具

3-1

我如何開始寫晨間日記？
三個法則

　　從 2006.1.7 我寫下了第一篇晨間日記到今天，已經打字寫出了兩千篇以上的晨間日記。

　　每天早上起床，走進書房的第一件事，就是打開電腦，靜靜寫下晨間日記，昨天自己做了哪些行動，有哪些結果產生、結識了哪些人、事、物，有沒有學到哪些事情。

　　若是從日記當中，發現值得我今天採取的行動，時間有空檔，我會繼續今天列出青蛙（大事）、蝌蚪（小事），決定做事的時間。

> **"** *每天早上檢視昨日做事結果，*
> *並且立刻決定重要的行動，*
> *兩者相輔相成效力更大。* **"**

　　晨間日記不僅僅是寫真心話的日記，也是寫靈魂、平衡的日記，更是書寫人生各種領域的努力，這些領域包含了情感、家庭、心靈、

財富、健康等等（可參考前面提到的九宮格覆盤），日日積累，是誰也偷不走的好習慣。

晨間日記對許多人來說可能有點陌生？「什麼？早上寫日記，有沒有搞錯？」。

其實晨間日記的發源地在日本，一位佐藤傳先生寫了一本「晨間日記的奇蹟」，這本書曾經登上日本的 Amazon 書局排名第一，在兩岸出版後也非常受到歡迎。

而在書中，他介紹了寫晨間日記這個觀念，經過這十年來的實踐，也有許多人已經試用。我自己實踐後，用三點來讓大家快速體會這個概念，並且能夠開始試試看。

這三點包含了「早上寫日記」、「用好工具來寫日記」、「用九宮格書寫」。

為什麼要用早上來寫日記？

我從 2005 年起成了一個晨型人，每天都很早起床，正是因為想寫晨間日記後，開始不會賴床。一早起來，寫寫日記。藉著回想昨一天大小事情，也可以讓今天做事品質更好。

第一個好處，通常我六點起床，晨間日記成為我記錄前一天想法的方法，也同時計劃好今天要做的事情，效率超高。這是本書第一部分提到的「日記與計畫，組成一個閉環」。

第二個好處，早上慢慢寫日記，我常常進入「安靜、深入、投入」的狀況。由於前一晚已經很忙碌疲憊，一早睡好後精力更充沛，做事情反而能夠以「慢下來」的狀況「深入的反思」，這樣子是心慢手快，可以把事情推動地更好。

第三個好處，有一次我早上寫日記，寫到前一天和聽爸爸說話時，感覺他口氣不大好，我也講話頂回去，我和爸爸就產生口角。但隔天早上剛剛起床寫日記時，看著昨天的行事曆才發現自己行程非常多。才想到，說不一定，是自己口氣不好。腦中閃過有位長輩提醒我說過：「家庭不是講理的地方，是講愛的地方。」我就等爸爸起床了，和他致歉，從我看他的表情，他應該也很欣慰吧！

行動加上檢視，形成一個最小的系統，只需要每天寫日記回顧做事的品質，繼續列出青蛙並努力執行，形成時間管理的成長迴圈。

用好工具來寫日記

你應該會自己的日記，找一個自己適合的工具。我來說說看我的挑選。

我是用「Evernote」這個軟體來寫日記，有三個原因。

> ⇨ 第一個想法是「工具不要太容易消失？」
> ⇨ 第二個想法是「格式要能依照九宮格？」
> ⇨ 第三個想法是「最好能夠圖文並茂？」

原本我是用 Excel 寫日記，Excel 也是晨間日記奇蹟作者佐藤傳介紹用來寫日記的工具，2006 年絕大多數的網友都採用這個模式，他有幾個很棒的優點：九宮格日記版面隨手可得、有插入註解功能、可以採用連動日記、方便一年後對照日期瀏覽等等。所以有許多網友做出不同的模版，大家用 Excel 寫晨間日記。

但寫了多年以後，我就發現許多缺點，有兩個大缺點，首先是檔案太大，打開的時間就很久，甚至打不開（我寫了三年，檔案

100MB，打開檔案速度就降低到很慢），另一個缺點就是貼圖片的就會大幅增加檔案大小。

既然工具有問題，在 2009 年我放棄寫三年多的 Excel 版本日記。2009-2012 我開始使用有網友介紹的 Memiary 網站（但現在已經不能用），這個網站寫了幾年成功日記，雖然免費是一大優點，但在 Memiary 裡面，只能寫文字，不能貼圖，還是很婉惜。

2012 年終於等到一個工具「Evernote」，一個軟體三個功能滿足，免費便於取得，格式完全依照九宮格設計，模版容易分享。

⇨ 「工具不要太容易消失？」Evernote 個全球性的公司財務健全。

⇨ 「格式要能依照九宮格？」表格可以繪製九宮格剛好。

⇨ 「需要圖文並茂？」可以插入圖片、聲音等檔案內容。

另外在寫日記的工具上，Evernote 這類工具還有幾個亮點。

雲端運用：由於 Evernote 屬於雲服務，方便在不同電腦上寫日記，我們在家中寫日記，之後到了辦公室，也想查詢或補充一些日記。

搜索速度：當寫日記篇數增加，搜尋功能就很重要，不管搜尋關鍵字或者是標籤，都是一秒內找到，晨間日記的愛好者，就能夠架構出自己的私人資料庫。

其實工具的進步日新月異，未來或許我會換成新的工具，但是我一點都不擔心，首先，因為行動本身比記錄重要。其次，我會利用每週檢視找一天看這 7 天日記；一整年也會看所有的 365 天，年底看完後我會把自己一年作的事情，寫成一篇文章，這樣就算舊的日記打不開也沒有關係。

寫日記對我而言，就是從檢視昨天一天，然後沈澱後，選出自己要吃的青蛙。接著，就全力完成工作。一天有行動，也有檢視，幫助自己做好每天該做的。

為何要用九宮格來寫日記？

和我一樣三、四十歲且愛看書的朋友可能都對一本「Memo 學」的書記憶猶新，這是日本人今泉浩晃先生介紹九宮格思考法（又稱為曼陀羅圖）的書籍，晨間日記的發明者佐藤傳也借用了九宮格的方式來設計日記。

為什麼用九宮格的方式來寫，這是因為「人有填滿空格的慾望」，看到格子空著，就是很想把個子填滿。九宮格的形式分成基本頁面、日記頁面、成功日記等有趣的形式，讓我們書寫時充滿樂趣。

中心頁面寫的是成功日記，幫助我們快速寫下昨天發生的事情，最好在幾分鐘內完成，這樣子就算忙碌，也可以記下最重要的事情回顧。

四周的日記頁面代表生活中的各種目標與需求（金錢，家庭，人際、學習、心靈等），兼顧生活中的各個層面，長期寫日記下來，能關注各個領域的目標，增強各個領域的能量，讓我們成為夢想中的自己。

開始每天寫日記

其實每天只要花幾分鐘寫寫日記，人生就會有所不同，我常常在寫日記時欲罷不能寫個不停，有時候漏寫了前天的日記，也會一併補齊，而且寫起來相當輕鬆有趣，一個欄位可以只寫一點點，也

可以長篇大論揮灑自己的心情。這個晨間日記兼顧自由和有趣，真的讓人愛不釋手。

由於早上寫日記，讓我們能夠更加客觀的瞭解自己。由於是數位化日記，可以貼上圖片，檔案，讓我們的日記更加豐富。由於用九宮格的形式來寫日記，巧妙的欄位設計，寫日記更加的有趣，豐富我們的人生。

我也希望大家，不要放棄寫日記的這個機會，這樣的益處是，我們都會擁有一個更豐富的人生，讓我們一步步開始寫日記吧！

有興趣的讀者，可以到此下載我的日記範本：http://bit.ly/slow2019

3-2

如何堅持 1000 天寫日記？
六個原則

　　Rae 是我們網路讀書會的朋友，雖然是位中年主婦，但是對學習非常認真，我們常常在討論區分享寫日記心得。前一陣子，她在群裡面分享了一段文字。

　　「到今天我已經寫了 176 篇的晨間日記了，我已經養成每天早上的第一件事，就是在天氣欄裡貼上從氣象網上複製的當日天氣，可以貼上可愛的天氣圖讓日記本更有活潑的氣息，每天早上我一定要做這件事讓自己有持續寫晨間日記的動力，如果起的太晚或是當天事情太多，就只做天上天氣這件事。」Rae 這樣寫道。

　　有一天，Rae 來找我詢問。「雖然我算是才剛開始寫晨間日記，但已經覺得非常有幫助，希望能自我挑戰，持續寫日記。」Rae 提到：「但是長期寫日記下去，沒人指導，就怕迷失方向，永錫你可以和我我講講，長期寫日記的關卡嗎？」

寫日記 3 天、3 個月與 3 年

「好呀,我也來分享晨間寫日記的 3 天、3 個月、3 年三個關卡吧!」我說。

其實寫日記和開飛機一樣,只要飛到氣流穩定的高度,機長基本上事情就不多了。可是,從加速到起飛,到達這個高度之前,機長需要打點全副精神,運用經驗及技巧,順利到達氣流穩定區域。

「首先,是充滿興奮、熱情的 3 天,跟飛機剛剛啟動發動機一樣。」我說道。

「對呀對呀!好像談戀愛,一下子覺得這個寫日記的方法太棒了。」Rae 熱情說著。

「第四天起,為了起飛,在停機坪上移動,機身小幅擺動,速度逐漸增加。」我一邊說一邊手邊比畫,彷彿坐在飛機上的機長:「但是,接下來你可能發現,開飛機不像一開始想像的那麼簡單,或許飛行跑道上擠滿飛機排隊?或許天候不佳?或許飛機內乘客有狀況?一開始因為興趣維持了幾個月,但接下來開始遇到許多阻礙。」

「如果能夠刻意練習,度過這興奮期過後的困難階段,那麼就能真正養成寫日記的習慣。這時候就會像飛機進入平流層,開始穩定飛行。」我說著:「所以,要把目標設為三年,寫了三年之後,就能進入穩定飛行模式。」

「對呀,這次就是希望能夠聽你說多點堅持寫日記方法,讓我順利達成三年,大約是一千天的目標。」Rae 眼睛發亮地說。

好的,我們就聊一聊,討論一下如何可以完成一千天的日記的幾個原則吧!

原則 1：小步走路原則

《小步走路》是一本繪本，故事情節大致是這樣的：「三隻小鴨子迷路了，小鴨子的哥哥教他一小步一小步的向前走，就靠著這個方法，小鴨子一路上雖然又累又不想走，但在兩個哥哥的鼓勵下，小鴨子靠著自己的堅持，一小步一小步的，離家裡越來越近，最後小鴨子居然是第一個到達家裡的！」

這是一本我很喜歡的繪本，小步走路的概念，很像我們學習寫日記習慣的樣子，要確定我們的目標，並且確認每天自己最重要的步驟，由第一步開始，一小步一小步慢慢走。例如我寫成功日記只有兩步：首先是坐在椅子上，第二步是打開 Evernote 開始寫字。

就算是每週一，從日記範本打開製作新的一週晨間日記，動作也很簡單。

> 簡單的兩個動作都很小，都是「小步走路」，
> 這是為了養成習慣，
> 必須把行動拆解得更簡單。

「把晨間日記文件放在電腦桌面（第一步），貼上從氣象網複製的當日天氣到天氣欄裡（TWO）。」就是我「小步走路」的動作囉！一點都沒錯，Rae 學習的經驗豐富，一下子就抓到重點。

原則 2：在同一個地點寫日記

「永錫，我想請教你，要在哪裡寫日記呢？我有台筆電，有時在餐桌寫，有時在外面咖啡館寫，覺得是否應該在固定地點寫？」Rae 一臉疑惑地問。

「固定地點寫，好處比較多。」我回答著：「首先，想要讓我們養成寫晨間日記的習慣，那很明顯，固定的地點，容易形成『儀式感』。」

> **用固定的小步動作，固定的地點，**
> **創造習慣的儀式感。**

「其次，如果常更改寫日記的地點，以我個人的經驗，這樣反而容易導致在哪裡寫日記，都寫不好。」我緩緩回應：「最重要的是，我們需要寫『真心話』日記，所以請你思考一下，哪裡是你最有安全感的地點，最能夠放心寫出內心話？那麼就從中選一個地點每天寫晨間日記。」

「如果你有個書房，那可能是最適合的地方，像我是在家裡的餐桌寫日記。」我提出自己的想法：「也有人是到住家附近咖啡館，一面寫日記一面吃早餐，你覺得在哪兒寫，方便你養成習慣，也能幫助你寫真心話日記呢？」我反問 Rae。

「嗯，在固定地點寫日記真好，我們家是做修車廠的，和住家在一起，我通常在辦公桌上寫日記，這樣子一早沒人吵我，也是我可以寫真心話日記的地點。」Rae 開心說著。

Rae 學得真快呢！這裏要教的五個原則，都會讓我們寫日記寫得

更好，我們繼續一個個來看。

／ 原則 3：寫一個字也沒關係

「還有一個問題。」Rae 看著她的日記一邊說：「我現在寫了一百多天，有時候會好幾天不知道到該寫什麼內容，要如何解決呢？」

其實寫不出來是很正常的，許多人都曾經這樣，有三個方法可以解決這個問題。

首先，如果一開始寫不出來，可以試試看寫一個字或詞在自己成功日記中，這也算完成，例如可以寫「感謝」、「健康」、「加油」、「感恩」等等。

第二，可以補寫。人們在出差及外出時，非常忙碌，幾次沒寫日記也是不得已的，或比較不忙時，再回頭補寫，那也可以。給自己「可以補寫」的原則，這樣就算漏掉了，太忙時，也能不放棄，透過補寫繼續堅持習慣。

第三，最後如果你有填寫行事曆或列出工作清單的習慣，那就看昨天哪些事情打勾，把做完或未完成的事情，或是做事的心得，一一寫到日記。

"
寫一個詞，
可以補寫，
寫昨天完成什麼待辦任務。
幫助你開始寫出日記內容。"

「原來寫一個字詞就可以囉？那就輕鬆多了，這確實有幫助養成寫日記的習慣。」Rae 大笑：「原來偷懶也可以是寫日記的一部分。」

「對呀！」我們兩個人都大笑起來。

／ 原則 4：不要超過 5 分鐘

「寫日記要寫多久才合適呢？」這也是很多人問到的問題，Rae 也提出這個問題。

一開始寫日記時，大家總想著寫越多越好，一不小心，就用了 20 — 30 分鐘寫日記。這樣明顯耗時太多，想把每天寫日記作為一個習慣，就會比較困難。

在本書的「成功日記」段落裡，我提到 5 分鐘是一個好的時間區段。要養成習慣最重要的是要能做得到，並且能持續寫，讓身體記得自己要養成這個習慣。

「為什麼是 5 分鐘呢？寫不完怎麼辦？」Rae 問了個問題。

「那就在時間比較充裕時，再來補寫。」我回答：「5 分鐘是很奇妙的時間，如果用 5 分鐘設計一個習慣的起始模式，都會比較容易養成習慣。」

「永遠只能要 5 分鐘來寫嗎？」Rae 又問了個問題。

「只要你身體記得了 5 分鐘寫日記這種感覺，那就可以順自己心意，寫多久都可以。」我回答：「不過在之前，請你記得這個原則『不要超過 5 分鐘』」。

「遵命！」看到 Rae 正經地說，我也不禁又笑了出來。

原則 5：巴夫洛夫的狗

1904 年的諾貝爾生理學獎得主巴夫洛夫有一個很有名的實驗，有關於狗狗及用餐，被用來解釋條件反射原理。

首先，在餵食狗狗之前，先讓他聽到鈴聲，之後再讓他吃東西，當狗狗看到食物，在吃飯之前會開始流口水。

接著，重複數次鈴聲與食物的配對，讓狗狗每次聽到鈴聲都會一直吃到食物。

最後，單獨出現鈴聲，但是這次沒東西吃，但狗狗還是持續流口水。

像我的朋友，愛聽田園交響曲第一樂章寫日記，我也嘗試了一下，覺得很棒，覺得打字寫日記，邊聽田園交響曲，心情都愉悅起來。這就是條件反射理論，讓我們聽到這音樂，就想寫日記。

還有個方法就是，有時我會重新設計我的晨間日記模版，這件事情也會讓我更持續寫晨間日記，或許我在使用新模版，也會流口水呢！哈哈！

> 你也可以藉由條件反射原理，設計自己養成習慣的步驟，利用某些儀式條件來刺激反應，在長期寫日記的過程，是很有效果的方法。

原則 6：自我獎勵法

如果你已經達成寫日記 3 年的挑戰，找機會帶著全家出國去旅行吧！

如果你已經達成寫日記 3 月的挑戰，買一台品質很棒的數位相機吧！

如果你已經達成寫日記 3 天的挑戰，招待自己吃附近一家好館子吧！

讓自己的行動有專屬的紀念日，給自己的行動一個禮物，或許有人也會在 Facebook、Line 上面公告一下，這樣除了能讓自己寫日記的習慣在大家面前公開，也能幫助自己奮力向前。

不管是哪一種行為，堅持個 1000 天（約三年）以上，就會變成習慣，對自己負責的人，整個人也會變得神采飛揚，晨間日記就是幫助人變得更好的日記，讓我們好好寫下去。

「這六個原則太棒了，我要把這些原則都寫下來。」Rae 開心地說。

> *原則 1：小步走路*
> *原則 2：在同一個地點寫日記*
> *原則 3：寫一個字也沒關係*
> *原則 4：不要超過 5 分鐘*
> *原則 5：巴夫洛夫的狗*
> *原則 6：自我獎勵法*

「先不用貪心，一次學習一個原則，就和原則 1『小步走路』一樣，這樣子進步就會很快囉！」我最後提醒到。

3-3

不成功，因為你太快？
寫日記的唯一初心

奶奶曾醉娥是第一位教導我寫日記的老師。

奶奶長壽，往生時約已九十歲，但是她到八十多歲，肩上還揹著兩個職務身分，一個是妙化堂的堂主（我爺爺創立的），另一個角色是某個慈善會的董事長，需要定期探訪貧戶，發放食物及現金。她一當就是二十年。這樣的業務對年輕人都不簡單，我一直覺得奇怪，奶奶是如何堅持下來，並且又保持熱情活力呢？

我問奶奶，如何在八十多歲還能做好這樣的工作，還能對責任熱在其中，奶奶口中說道：「要做一個有信用的人。」

乍聽之下，我也跟讀者一樣，覺得有點跳躍，但年歲漸長，我慢慢理解奶奶當年話中的深意。詳細的作法如何呢？讓我下面為大家慢慢細說。

奶奶的時間管理工具

先分析一下奶奶的時間管理工具與方法。

⇨ 日記：紙本日曆（365 天，一天一張紙，通常是公司行號會印制贈送。）

⇨ 月曆：通常也是廠商送的，奶奶都會選漂亮的，每周或月檢視最常用，奶奶可以提前思考一周或者一個月的事情。

⇨ 時鐘：日據時代買的時鐘（每天需要上發條一次，這是我小時候的工作之一）。

⇨ 桌機：黑色轉盤電話（還記得當時移民去美國的姑姑打電話，奶奶叫大家來聽電話的情景）。

「紙本日曆（日記）」是奶奶最核心的時間管理工具，黑字是平日，紅字是假期，就是傳統的日曆（這種日曆在 7、80 年代家家都有喔！）。當時奶奶常常叫我去看看後幾日有哪些事情，而且奶奶在做完事情後隔天，會在日記寫上那件事情的結果心得。

> 也就是說，奶奶的紙本日歷讓
> 「每天行動＋每天檢視」都用同一種工具。

現在想起來，當年奶奶人緣很好，身邊的家人朋友都覺得奶奶是一個可以把大家的事情處理好的人。這是因為奶奶利用日曆管理及檢視全天的大小事情，紙本日曆寫的速度快（當年都會拿一些橡皮筋，綁住一隻原子筆在旁邊），奶奶其實用身教來教我時間管理。

連續觀察奶奶在日曆上寫的日記，不禁越來越好奇，奶奶寫的日記一般就是流水帳，寫的內容是親友互動、堂內的執事事項、拜訪貧戶相關事宜。

寫日記與做個有信用的人

問題來了，為何當年奶奶希望他的孫子「做一個有信用的人」呢？

後來有一天，已經比較董事的我，不禁想問問奶奶：「奶奶，要讓自己變成一個有信用的人，和在日曆寫日記，這兩者有何關係呢？」

「我就講一個『做一個有信用的人』的故事給你聽吧！」奶奶 。

下面是奶奶跟我說的故事。

主角姓名，就且稱為某甲、某乙、某丙，這三個年輕人剛剛離開校園，開始準備到社會工作了。而三人有許多相同之處，像是畢業於同一名校、都想分發到 A 家公司的業務部門，後來他們也都順利進入了。大多數人都讚賞這三個人，他們的人脈、工作能力都非常優秀。

某甲、某乙、某丙，在他們的畢業典禮後，趁機齊聚一起，喝些小酒，因為隔天他們都要到各地區公司報到了，大家一面喝酒、一面交流想法，一面討論，如何做好這份工作。

某甲說：「未來我會努力，遵從上級長官的要求，每天老闆說，要做到十通電話推銷、每個月要兩次到場拜會、寫好工作日誌，我都會全力以赴。這是我的態度，也是工作的基本。」

某乙：「某甲說的和我想做的幾乎一樣，但是我會把老闆要求的目標再訂高五成，所以是十五通電話推銷、每個月要三次以上到場拜會，而且我會用任何手段來達成目標，因為達成業務目標，才是重點。不需要寫什麼日誌，我就是追求不僅達標，還要超越。」

最後就是某丙發言了。

某丙說：「業務新人訓練後，我再次翻閱自己的培訓筆記，思考要做怎樣的業務呢？」某丙一字一字慢慢說：「首先，做一個有信用的人。除此之外，要做到相互依存，珍惜自己及客戶以及周遭的人際關係。到了分派的地區工作，我第一步到要做的行動是，去拜訪公司里第一名業務同仁，請教他做好工作與日誌的方法。」某丙認真地說著。

故事講了一半，奶奶丟出問題給我：「永錫，你覺得一年後，誰的業績最好呢？」

「一定是某乙，因為他勤跑現場拜會，平日也認真打推銷電話。」我偏著頭和奶奶說出我的想法。

「哈哈，永錫很聰明，但是答案是某丙。」奶奶笑著和我說。

「為什麼是某丙呢？難道他做了別的事情？」我一臉好奇的樣子。

「這三位業務同仁一年後的狀況，讓我來講給你聽吧！」奶奶賣了一個關子。

某甲做到了他承諾做的每一條，不僅把長官命令的指示都完成，每天需要寫的業務報表也填寫到無瑕疵。簡而言之，他已經拼盡全力，卻無法獲得升級，成績雖然還可以，但是直屬主管對他評價不高。

某乙一開始也遵守承諾向公司目標飛快前進，達成目標是他最重視的事情。如果那個月不如人意時，他就增加電話推銷、也增加現場拜會。但一年過去，某乙的做人處事常出問題，一開始就和內部人際關係處不來，其次，不會利用業務報表、日記做好自我檢視。

最後結果，只有在開始時業績不錯，接著居然就和上下游的廠商爭吵，這些都讓長官憂心，除了一開始外，業績不停下滑，某乙也非常沮喪。

丙君一如他自己所說，非常重視人際關係，珍惜每一個客戶及其朋友，並做一個有信用的人。他認為要反求諸己開始，並以虛心請教客戶，甚至客戶的相關重要人，思考如何創造雙贏。沒想到前三個月沒拿到多少業績，也是三位中最後一名的他。從第四個月開始，業績慢慢上升，半年後開始超越另外兩人，並常常拿到許多業務的轉介紹，最終成了業務部門第一名。

慢慢地，丙君總是一直想著：「自己可以幫客戶做些什麼？」每天寫在自己的業務日記上，很奇妙的是和客戶關係越來越好。而他持續說到說到，業績排名越來越高，有幾個月奪下公司第一名。

奶奶講完了這個故事，可是我覺得有好多想法在我腦海中打轉，「做一個有信用的人」這句話在我腦袋反覆運轉，和奶奶坐在一起，但是卻說不出話來。

日記，是檢視，是計畫，但背後真正的關鍵原則，則是「信用」兩個字。

> *重視自己與自己、自己與他人的承諾，*
> *其實這就是日記，*
> *檢視自己做了什麼，*
> *檢視自己對他人做了什麼，*
> *檢視自己還能夠做什麼，*
> *然後建立承諾，保持信用。*

在後來的日子裡，我常常會用這一個問句來問自己：「如果奶奶遇到這個困境，她會怎麼做？」有時候靈光一閃，就想到很棒的解決方法，之後，我就看看天空，彷彿奶奶就在上面幫我在日曆寫下解決方法呢！

3-4

如何挑選寫日記工具？

阿雷、Rachel 和我在台中碰面了，人生真是充滿了巧合。

Rachel 是我們家的好朋友，她這次到台中的企管顧問公司演講。阿雷則是到台灣參加姿勢跑法課程。兩個人不約而同地和我聯絡，時間又剛好契合，於是有這次珍貴的碰面：在我們家，老婆下廚，請大家吃吃飯，還開了一瓶紅酒，酒足飯飽後，就開心地聊了起來。

一位上海媳婦，一個北京貴客，從網路互動到真實人生，彼此都是十年的朋友了，聊一聊自然講起時間管理的主題。

兩個人都有多年寫日記、做自我覆盤的經驗，但是 Rachel 用的工具是 Evernote，阿雷則是長期選擇 Excel 作為運用工具，一面吃飯，我們很自然就把話題帶到使用的工具上，於是幾個人你一言我一語地討論起來。

好搜尋的日記工具？

「Rachel，你用 Evernote 寫日記時，都記錄些什麼呢？」阿雷問到。

「基本上，都是我工作、跑步、學習、家庭這幾個類型。」Rachel 回應。「例如 3 月 11 日這篇，參加名古屋馬拉松。」」Rachel 打開 Evernote，找出 2018 年第 11 週的日記，打開的第一天就是記錄她 3 月 11 日的日記，映入眼簾的最大 Cover Picture 是 Rachel 在名古屋車站推著兒子祐祐的相片。

當天日記，是這樣的：
天氣真好，跑起來好舒服！
謝謝大小李先生們的陪伴
沿途追趕拍照 We are Family

「這是我第二次參加名古屋馬拉松，這次就是 Ben、祐祐及東京的小阿姨來當我的啦啦隊。」Rachel 神采飛揚，彷彿回到了那一天。「我一路跑，Ben 和祐祐就搭地鐵到下一個補給站等我，等跑到了，一起拍照。」Rachel 指著螢幕上帥帥的祐祐給我們看。

「你們看，這張是跑馬拉松的叔叔停下來和祐祐拍照。」阿雷和我看到三隻裝扮成貓熊的馬拉松選手與祐祐合照，一歲多的祐祐表情有點「驚恐」，三位中年熊貓叔叔倒是一臉開心。

「我覺得用 Evernote 寫日記最好的一點就是圖文並茂，可以把當天拍攝的心愛相片放入日記。」Rachel 開心地說：「日後要找尋的時候，可以依照日記標題名字（日期）來尋找，也可以搜尋關鍵字串（例如：名古屋馬拉松）來找，非常方便。」

「阿雷，那你是如何寫日記呢？」Rachel 察覺到阿雷還沒發言，細心的她立刻問了起來。

百年日記工具？

「我呀，其實我寫的是 Excel 上的內向者日記。」阿雷很謙虛，寫了將近十年日記，從紙本、Word 到 Excel。

「為什麼要用 Excel，你不是用 Evernote 高手嗎？」Rachel 好奇地問到，因為阿雷以前是在 Evernote 中國分公司工作。

「我考慮的因素是『怎樣的日記工具，最不受到時間及空間的限制』，我覺得 Evernote 固然是很好的雲端筆記工具，但是以日記而言，並不符合我『最不受時間及空間限制』這個條件。」阿雷雖然年紀輕，但是思考深入而全面。

「那你是如何考慮這個問題的呢？」Rachel 緊跟著問。

「我們先來討論時間，要不受寫日記時間限制的意思，就要讓自己的檔案在 10 年、甚至 100 年後可以打開。」阿雷慢慢地說明：「我歸納了幾個基本原則，要用基本的檔案格式、基本的軟體功能、基本的純文字日記。」

阿雷有幾個基本原則，希望自己的日記在一百年後還打得開，那就要用大量人恆久使用的檔案格式，考慮到各種書寫及保存日記時遇到的可能問題。

第一個基本是，基本的電腦檔案格式，阿雷曾經思考過日記使用 .TXT 檔，因為這是電腦發明初期，就使用的文書編輯軟體，到現在為止還是每一台電腦都打得開。但是使用 TXT 格式 編輯日記極其不方便，於是他採用 Excel 的形式來寫日記。

第二個基本是，只用基本的 Excel 建立九宮格的日記模版即可，阿雷不使用目前當紅的 Evernote、Day One、格志日記之類的日記軟體，也不在 Excel 日記加入 VBA（Visual Basic for

Applications，Visual Basic 的巨集語言）。因為從他寫日記開始，也有人開發出專用的九宮格日記軟體，或者在 Excel 的日記檔案加入 VBA 的作法，到後來都由於開發者停止維護及 VBA 巨集運算時間越來越長，導致軟體開啟速度緩慢甚至無法開啟的狀況。

阿雷說，為了他的日記一百年後還能打開，他只使用 Excel 最基本的軟體功能來寫日記，不使用任何為寫日記的 App 或加上 VBA 的功能。

日記與照片如何整理好？

「等一下，阿雷，那你的相片呢？會放在 Excel 裡面嗎？」Rachel 非常喜歡攝影，因此非常好奇阿雷如何處理相片的問題，在她而言，相片和日記是不可分割的。

「我只用純文字的方式寫日記，這就是我第三個基本原則。」看著一臉驚訝的 Rachel，他補充說：「不過我用 Google Photo 作為我管理相片的神器，我整理相片的秘訣就是『不整理』。」

阿雷說，把日記和相片完全分開，一來不用花時間整理相片並貼到日記，節省許多時間；二來日記的檔案，由於沒有相片，也非常小，對他「最不受到時間及空間的限制」這個原則，非常有幫助。三來，Google Photo 可以自動依照日期、臉孔、物品、景點地點、顏色分類，快速找他想到的任何的任何圖片，也能自動上傳雲端、共享相簿。

阿雷也想了寫日記時，會去搜索使用相片的三個情境。

1. **回顧某個事件**：看日記的書寫日期，事件發生的地點，在手機的 Google Photo 搜索"日期"、"地點"、"活動名稱"即可。

2. 要找到某個人：直接搜索臉孔

3. 找到某個物品：直接從”事物”裡去找那個相應的標籤。

「最後，我需要做的就是把 Excel 日記上傳雲端備份，除了可以在不同的設備上看到日記，也不用擔心電腦或手機丟掉的問題。」阿雷最後說著：「這就是我對，『怎樣的日記工具，最不受到時間及空間的限制？』這個問題的解答，我平時在電腦上寫日記，但也可以隨時寫日記，我的日記可以長久保存，檔案還是很小，而且 Excel 這種檔案格式，我已經寫了十年了，相信未來也能夠打開。」

「阿雷，你真的太厲害了。」Rachel 真心的佩服。

多久之後，你依然會繼續寫日記？

「和永錫老師聊完製作日記模版的事情後，在大二的一個午後，在一個窗簾陰暗的房間裡，我用好幾個小時的時間，完成了 Excel 版本的 64 年的日記模版，我真的很謝謝他。」阿雷想起十年前的往事。

「好巧喔！我開始寫晨間日記，是在 36 歲，如果寫 64 年，那時候我就 100 歲了呢！」我突然發現著著巧合，想到自己一百歲了，還能寫日記，那還真是一件很酷的事情，也覺得阿雷考量問題的角度，讓我們把寫日記這件事想得更加深入了。

「對呀，我覺得日記是一個寫越久，效力越大的事情，所以一面製作這 64 年日記模版，一面就思考，如何在單一工具（Excel）長久寫日記，我還把當時的想法，寫在第一天的日記裡。」阿雷想起他以前用紙筆和 Word 這兩種工具寫的日記，一直覺得很婉惜。

「我們一起來寫這 64 年的日記吧！」Rachel 一句話打破大家沉默，我們互看一眼，臉上掛滿笑容

你如何選擇日記工具？

「永錫老師，我可以問一個問題嗎？」Rachel 看著阿雷展現 Excel 使用方法後，若有所思：「如果有人問我，該用什麼工具來寫日記？我該如何回答比較好呢？」

「以前，我一定會介紹 Evernote，但是看了阿雷的 Excel 使用後，我發現我的想法有點改變。」Rachel 補充說。

「我的答案比較會是，你工作或生活上最常使用及最擅長的軟體是什麼，從中考慮，選擇你寫日記的工具。」我總合許多和我交流寫日記朋友的經驗回答：「就像是一個木匠，會『磨利』他的工具，讓工作更加順利地進行。寫日記的人，若能夠善用好的軟體，就可以讓寫日記的體驗更加行雲流水。」

> 最重要的是磨利你擅長的工具，
> 而非一定要用什麼工具。

「我也有個問題，有個朋友他寫了幾年紙本的日記，看了我寫日記的方式，想要用 Excel 寫日記，你會給他怎樣的建議呢？」阿雷也問了一個問題。

「一般來說，我都會建議別人不要改變寫日記的工具，因為改變工具其實是最浪費時間的。」我回答：「但是我以前也寫非常多紙本的雜記，但是後來發現無法『搜尋』裡面的紀錄，就趁著搬家全丟了。」

「所以如果他下定決心要從紙張日記變成數位化日記，那就要他好好學習寫日記的工具，不論最後決定是採用 Evernote、Excel、

甚至其他各種工具，要在一兩個月內學到精熟的程度，把工具變利器，這樣工具的切換才能順利。」我又補充回答。

「老師，我聽了阿雷的『三個基本原則』有點擔心，未來要是 Evernote 不維護了怎麼辦呢？」Rachel 超級喜歡 Evernote，看得出來她的擔心並不假。

「不會的啦，每個工具跟不上時代，都可能被時代淘汰。但是新的工具也一定會兼容以前的工具。」我回答：「我們寫日記的成功日記 SLOW 法則，及九宮格日記覆盤格式，才是歷久彌新的優質原則，這些原則可以崁入各種的工具之中，甚至讓我們寫日記的方式進一步演化，讓我們收穫更多。」

「有道理，由於 Excel 不適合放入圖片的『缺點』，才讓我想出了用 Google Photo 存放各種相片、圖片的方法！」阿雷站起身握拳說：「我也體會了沒有真正完美的工具，不只這些軟體在演化，我們及環節也一直在演化。」

「以前我覺得在許多的 Excel 日記檔案中搜尋人名或字串非常不方便，寫日記時也不像 Evernote 整個日記欄寬配合螢幕大小，Excel 就需要手動調整表格大小。」阿雷好像頓悟似地說：「我使用 Excel 寫日記已經十幾年，在晨　有陽光味道的白桌子上寫日記，是我一天最 Enjoy 的　刻，Excel 就像我天作之合的日記伴侶，真的要好好感謝他才是。」

「我也是！」Rachel 跟著說：「我每天最常用的軟體就是 Evervote，蒐集微信及網頁上桌遊、引導技術的文章，放著各種專案支援資料、包含各種圖片、相片、表格、證件、SOP 等。」

「一年到期時，就想著這個軟體的年費好貴，心好疼。」Rachel 開心地說：「但我們組成專案工作團隊時，大家可以用免費下載的

Evernote 快速建立虛擬團隊傳送文件。和老公分享孩子相片時，看到他開心的笑容，真的要感謝這隻我最愛的大象（Evernote 的 Logo 是一隻綠色大象）。」

「我還超愛 Evernote 的快捷鍵，許多功能，只要一鍵就能完成，真的是超酷的。」我說。

工具是創作者肢體延伸，看著阿雷及 Rachel 用得如此的好，心中分外開心。

「我們來合照吧！」Rachel 拿出手機，幾個人東排西挪「1、2、3 ！」一張放入日記的相片出現了 ......

第
・
四
・
部

企業的覆盤：
寫日記優化工作管理

4-1

企業覆盤 S：
成功團隊的群規則

「永錫老師，未來長帆物流的時間管理，就勞您多費心了。」黃總緊緊我著我的手，誠心地說。

黃總是深圳長帆物流的董事長，20 年來，白手起家，目前已經是深圳最大的物流公司，有一千多名員工，上了新三版（台灣成為興櫃）。

我們在北投麗禧溫泉酒店，我的老客戶陳總和黃總是中歐商學院同班同學，同班有十八位同學參加一年一次同學會的旅行。黃總兩年前就聽過我的演講，他看陳總的公司推動企業覆盤兩年，成效斐然，因此和我約碰面，希望我能到他們公司培訓。

「我們公司總經理 Sammy 上個月還在公司教授你的時間管理，上了五小時。」黃總呵呵笑的說：「我請 Sammy 負責這次的培訓案，你來深圳，Sammy 可開心了。」

Sammy 兩年前上過我兩天課程，是對我這套覆盤系統最熟悉的長帆同仁，我開始對這次培訓充滿信心。

「不過，可不可以請你，下個禮拜就來？」黃總說出這句話，嚇了我一跳。

「沒問題，我們立刻出發。」知道需要我們，當然立馬出發。

來到深圳後，開始進行課程的討論。「永錫老師，今天我們先安排兩個高階主管曼麗及快芳，還有一個中階幹部，也是我們總經理的秘書褚晶。」Sammy 看著自己的筆記本，和我說明接下來要調研的幾個幹部背景。

Sammy 的公司目前在往上市之路邁進，公司業務大幅增長，管理幹部的職責越來越重，這也是他們黃總請我來培訓的原因。

╱ 為什麼企業需要大家一起覆盤？

「永錫老師，我的工作及生活完全失衡了。」這是在長帆物流的第四場調研，高階主管曼麗正在說著她時間管理的問題。

「為什麼會這樣呢？」我專注地聽著，適時提出問題。

「我是一個業務主管，下面有 4 個業務助理，24 個業務。」曼麗扶了一下她的眼鏡，嚥了一口水。

「業務作久了，覺得沒意思，就想要作經理人，沒想到困難重重。我們有培訓業務的方法，但是卻沒有培訓經理人的方式。」曼麗說著心中的痛：「看到下面業務加班，我就心軟，陪他一起上班到深夜，長期下來，連自己的健康都變差了。」

我一邊記錄，一邊提問「那你最期望的結果是什麼？」

「一個月後，能夠有八成的同仁，九點之前下班。」曼麗說著，她真的是一個很有感情，為下屬好的主管。

　　「下一步行動是什麼呢？」我追問著曼麗。

　　「我希望今天下班前，先和我核心三個幹部討論做好覆盤的具體步驟，建立時間管理的基礎。」曼麗說到具體的步驟的時候，精神一振，她找到前進的方向了。

　　若說曼麗是溫暖型的經理人，快芳就是衝衝衝，衝刺業績的經理人。

　　「永錫老師，我的時間管理能力很好，我希望覆盤和時間管理的方法，可以幫助我的團隊拿下巴基斯坦市場更高的業績。」快芳快人快語，調研還沒開始，就開始說她希望達到的培訓目標。

　　其實我對快芳很有印象，因為早上到公司時，就看到她和 Sammy 在開會，而且是很有「衝突感」那種，看起來像是快芳希望跳過公司原有制度，幫下屬爭取更多福利、更多分潤，但是 Sammy 覺得制度不能輕易打破，兩個人意見不一，有些口角。

　　「那你希望的結果是什麼？」我問了快芳問題。

　　「我希望在 6 月 30 日前完成巴基斯坦業務團隊單月 1600 標箱的任務結果。」快芳迅速說出了目標。

　　「下一步行動呢？」我繼續問著。

　　快芳頓了一下說：「梳理巴基斯坦的客戶名單，不對，和小羅整理客戶資料。」

　　「之前還有沒有時間更近的行動呢？」我暗示。

「我等下微信給小羅，和她明天早上花一個小時時間梳理巴基斯坦客戶資料。」快芳似乎從沒有把下一步行動梳理地如此仔細，對自己的答案若有所思。

「需不需要和任何同階層管理幹部或者主管討論。」我做了最後的暗示。

「永錫老師，我錯了，我應該先和 Sammy 道歉，而且瞭解他的意見才對。作為一個高階經理人，我沒有先和更高的主管做好討論，這是我的問題，要先處理人，再來處理事情。」突然間，快芳掉下眼淚來，以前她是目標導向的人，但是高階經理人並不是這樣做的，團隊非常重要。

一個團隊裡，有溫暖的人，像是曼麗。也有目標導向追求業績的人，像是快芳。這兩種人都很重要，一個公司要將不同的經理人放在一個平台上，彼此關注彼此訊息，這就是我們做「企業覆盤」的目的。

> **覆盤是一種訊息流，**
> **像是公司的脈動，長久下來，**
> **許多做事的默契，協作的能力，**
> **就從中而生。**

最後一位是黃總的秘書，褚晶。

「永錫老師，我的問題是有太多瑣碎應急的事情需要處理，雖然我用了所有的時間，但是還是覺得事情處理不完。」褚晶說著她時間管理的痛點。

「為什麼你會有這樣的狀況呢？」我問了她一個問題。

「或許因為我的黃總的秘書，許多事情員工直接就找我，加上黃總一年有幾次要待在加拿大三個禮拜（移名監），有些是要透過我呈報，事情就非常多。」褚晶說。

「還有嗎？」我覺得不止於此。

「還有就是我覺得常常和同仁做的事情，都有重複做事的現象。」褚晶說著工作上的狀況：「例如一份文件，我這邊已經做得快好了，才發現另外一個部門也在做同一份文件，時間都白費了，這是為什麼呢？老師？」

「這是因為多部門協作下，卻沒有同一套『覆盤訊息流系統』，導致訊息流堵塞在一起，重複工作就容易產生。」我先回答她提出的第二個問題。

「除此之外，你是黃總的秘書，所以會有許多的事情需要留意，但是有清楚的訊息流，你也可以梳理好這些訊息，決定哪些工作是你要自己動手做？哪些你需要授權他人？這樣你的工作量也會更加合理。」我看著認真負責，不到三十歲的褚晶說，她當了黃總七年的秘書，工作態度及能力都是一流的。

「永錫老師，真的太謝謝你了。」褚晶認真的說：「剛剛黃總和我說，晚上我們和 Sammy 一起吃飯，一起討論明天的課程。」

「好呀，時間也差不多了，我們這就出發。」結束了一天的培訓，準備吃飯囉！

企業團隊一起寫日記的規則

「歡迎大家，今天我們很榮幸請到來自台灣的張永錫為我們講解時間管理。」Sammy 擔任我課程的主持人：「之前我在公司裡面分享五小時時間管理，很多人還意猶未盡，這都來自永錫老師的教導。」

「這兩個月，永錫老師將會蒞臨公司三次指導我們。」Sammy 看了我一下，示意我準備上台：「讓我們用掌聲來歡迎永錫老師。」

「感謝長帆的伙伴，大家，早上好。」我用著內地常見的開場語，和大家分享。

對著 Sammy 公司的伙伴，我開始講述覆盤的重點，要描寫成功的事情、覆盤的格式、吃青蛙（每日計劃）與覆盤（每天檢討）的結合、最後是檢視我們的覆盤系統。

> **我推薦在團隊裡，**
> **每個人每天寫日記，作為工作打卡，**
> **並且在訊息流中共享大家的工作日記。**

「重頭戲來了！」我看著台下的同仁開心地說：「上完課就要第一次打卡，打卡之前，我們先訂出群規則。」

「老師，你是要拿範例給我們嗎？我們都還沒打卡，怎麼訂規則？」Sammy 公司伙伴很聰明，立刻舉手。

「對的，我們會先拿兄弟企業陳總公司兩年半打卡後，打磨的群規則來做為參考。」我細細地說：「接著，我會引導每個人寫下自己對打卡的想法在便利貼上」。

「然後，小組討論整合共同意見，各組上台分享。」我指著投影片的圖片，說明等下如何訂定出群規則：「Sammy 會在台下整合大家的想法，上台報告。」

我請 Sammy 的助理曉婷發下便利貼及空白 A3 九宮格表格。

「首先，這是陳總公司的規則。」我在投影片上面投射出來一些文字。

滴答管理群規則，為了更好的利用 "微信" 來管理好我們的日常工作，規範使用滴答清單軟件，現對微信群管理規則更新如下：

⇨ **紀律監督：按微信群中人員周輪值管理值原則執行。**

⇨ **周輪值質檢職責：每周每天對群內人員的晨報 / 晚檢視進行統計匯報，按執行情況進行檢查監督及通報。**

⇨ **周輪值質檢順序：本群人員輪值如下（以周為單位）**

微信群發送方式：

⇨ **文字形式（不得使用語音）**

⇨ **時間管理微信群打卡時間：**
- 每日工作晨報時間 每日 09:00 以前
- 每日工作檢視匯報 時間 18:00 － 00:00

⇨ **每天覆盤後，可以報第二天計劃。**

⇨ **工作出差也需打卡覆盤。**

⇨ **休息須打卡，其他假日須備註假日類型和日期。**

獎罰規則：

⇨ **群內人員每天晨報遲到 / 漏報 / 檢視匯報遲到 / 不檢視均捐款 25 元 / 次**

⇨ **罰款非現金，使用微信內紅包功能操作。捐款作為其他維持覆盤習慣者的獎勵。**

此規定即日生效執行，2017 年 10 月 22 日。

我帶著長帆的同仁在 A3 九宮格上，寫下下面的幾個抬頭（Title）：週輪值、打卡時間、覆盤細節、獎勵及懲罰，一面講解，一面請他們針對不同的 Title，個別寫下想法在便利貼上，最後並貼在空白九宮格。每組要至少累積 20 個點子，完成全組大喊我完成。

「接著，我要請大家針對打卡時間、獎勵及懲罰，進行深入討論。」我看了 Sammy 的方向一眼，眨了眨眼睛：「三分鐘後，各組報名分享。」

Sammy 上台的時候到了，他針對打卡時間和獎勵處罰和大家討論，最後決議。

課後 Sammy 跑來和我握手，一直說老師上課辛苦了，也說明天會設計好長帆物流的微信群打卡規則。

「老師，我們的群規則設計好了，Sammy 請我寄給您。」Sammy 的助理小婷寄了一份「長帆打卡規則」過來。

長帆打卡規則：

⇨ 每天 **9:30 am** 之前打卡 (出差以當地時間)，法定節假日免打卡。休假需要報備。

⇨ 每天以文本形式發送。

⇨ 不發，晚發，發錯情況下，認罰。

⇨ 處罰方式，每次 35 塊紅包，30 塊 10 個手氣紅包，5 塊錢單獨紅包給 HR，作為未來獎勵基金。

⇨ 不發，晚發，發錯的人，不可以搶紅包。HR 的紅包只有 HR 可以領。

⇨ 搶錯的人，紅包加倍發到群裏。

⇨ 此群僅作為打卡使用，禁止聊天。

有了好的打卡群規則，就是成功的一半，不是嗎？

企業寫日記的 SLOW 法則

「Sammy 這些天就請你到達公司同仁的辦公桌，和他就微信群打卡內容和工作實際狀況討論是否一致。」上完課一周，我和 Sammy 進行線上教練課程，確認他成功地把打卡群帶領好。

「嗯，這些天我也認真地在看微信群，我覺得有些人工作量高、工具運用能力好；有些人則是無法寫出應該完成的重要事情，覆盤寫得就很差。」Sammy 唸出這些天筆記本上的紀錄，和我討論：「我也在思考，如何在這幾個月內把長帆物流的覆盤打卡的這件事情帶領起來。」

「好的，我們就來說說企業端 SLOW 法則的框架，過一陣子，會把細節說明得更好。」我先和 Sammy 講清楚 SLOW 的架構，Sammy 就能轉換成長帆物流同仁的語言，讓學習更加簡單。

「我們把覆盤的 SLOW 法則分成兩個部分，第一階段是一個人的覆盤，第二階段是企業等級的覆盤。」我慢慢地說：「首先我們個人要做好覆盤，打穩基礎後，Sammy 就有能力帶領好整個企業的第二階段覆盤。」

「對於第一階段的 SLOW 覆盤法則我已經比較熟悉了，因為已經寫日記兩年多了。」Sammy 笑嘻嘻地說：「所以這次公司引入覆盤課程，我可是非常期待的，能夠解決企業訊息流的系統，這對企業非常重要的。老師，你來談談第二階段的企業 SLOW 覆盤法則吧！」

「台灣知名小籠包鼎泰豐的員工工作日誌，是我們覆盤的起源，公司每人每天都要寫覆盤，不論是客人互動、工作心得或是改善意見。」我看著 Sammy 的演講一邊說：「寫上來之後，長官也需要做到即時回應，處理人員（尤其是新同仁）的感受與意見。」

「也就是鼎泰豐可以用覆盤來整合同仁的意見，而老師為了方便大家學習，把企業覆盤細分成 S.L.O.W 四件事情。」Sammy 興奮地說：「老師，這對我們公司太有用了。」

　　＂
　　企業覆盤的 SLOW 法則，
　　和個人版本 SLOW 不同，等於是個進階版本。
　　不是著眼於自己做好覆盤，
　　而是帶領團隊做好 覆盤。
　　＂

　　Sammy 公司有超過千名員工，帶領大家覆盤能力提升，非常重要。我們分別說說這 SLOW。

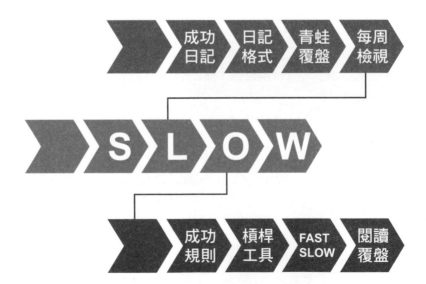

S, Success Rules，建立成功群規則：

好的開始是成功的一半，建立覆盤的群規則再開始覆盤，用賞罰分明的制度來管理整個系統。

「嗯，上週老師帶領我們建立覆盤打卡的群規則，大家對覆盤這件事情的態度立刻不同。」Sammy 回憶著：「我覺得融合大家的意見，讓大家更加有參與感。」

「對，其實 Sammy 就是要扮演一個領頭羊的角色，讓整個企業覆盤的方向正確。」企業這時正往上市的路上努力，是要靠總經理以身作則，公司文化才能落地。

建立群規則就是要人治變成法治，把公司的工作內容，透過覆盤文字化進而制度化，這條路很長，但是很重要。

L，Leverage，利器槓桿：

利用幾個好用的工具，架構出掌握公司覆盤狀況的槓桿系統工具。例如 LINE、可以多人協作的清單 App、可以雲端合作的筆記等，都是對公司覆盤很重要的工具，讓企業的管理發揮槓桿的效應。

O，Organize，整合 FAST 法則及 SLOW 法則，減少覆盤系統漏洞

吃青蛙的 F（先吃青蛙）、A（行動清單）、S（切小青蛙）、T（番茄工作）。和個人覆盤的 S（成功日記）、L（日記格式）、O（青蛙覆盤）、W（每週檢視），以上的八個時間管理概念，相互呼應，幫助企業的中階幹部做好覆盤管理。

W，Watch，閱讀同仁彼此覆盤，讓企業協同作業的能力提高

在微信、LINE 或是你選擇的企業覆盤工具裡，我們每天都會看到同仁的吃青蛙（日計畫）、覆盤（日檢視），日復一日，若是同樣管理階層閱讀彼此覆盤，可以增加自己工作能力。能夠詳細閱讀自己下屬的覆盤，就像是「打開下屬腦袋」，從中瞭解下屬工作重點及工作中的感受，做得好要獎勵，做不好要懲罰。

SLOW 法則，從做好一個員工（幹部）覆盤開始，進而讓一群員工（或整個企業）做好覆盤，效用是很大的。

「哇，太棒了，我們公司一定可以從這培訓的過程中受益良多的。」Sammy 搓揉雙手，止不住的興奮。

「Sammy，從今天起，我是你企業覆盤教練，我們要一起帶領公司的中高階幹部做好覆盤工作」我表情嚴肅地和 Sammy 說：「我們一週會通電話一次，討論企業覆盤事宜。」

「Yes. Sir. 永錫老師，我一定會全力配合。」Sammy 認真地說。

「好啦，別那麼嚴肅。」我拍拍他的肩膀大笑，其實我們私下也是好朋友，這一次課程，也讓我們闊別兩年之後，繼續合作。

只是這次不僅僅是改善 Sammy 的時間管理能力，而是 Sammy 和我一起合作，改善全公司的能力。

「黃總，以上是我回報這一周長帆物流培訓後的狀況。」我和遠在加拿大的黃總微信語音，說了這一週 Sammy 和我推動長帆物流覆盤：「Sammy 會再和公司同仁一對一確認打卡內容和工作內容一致。」

「永錫老師，我每天從微信看群裡面的覆盤狀況也很不錯，真的感謝 Sammy 和你了。」黃總開心地笑著。

「我還請Sammy開始請秘書小婷登記每一個同仁的打卡狀況。」我把一份 MS Excel 格式的打卡登記表給黃總看。

「哇，永錫老師，這太棒的，說實在，我開始期待我們培訓的結果了。」黃總聲音帶著笑意。

4-2

企業覆盤 L：
工具是強力的槓桿

「老公，長帆物流第二堂課的重點是什麼？」從香港機場直達深圳羅湖的巴士上，老婆問著我問題。

老婆是我的經紀人，到達客戶處，就成為我的助教，所以她問著我這次上課的要點。

「首先是滴答清單的深入用法，其次想教導這些幹部任務清單的概念，最後要教建立打卡系統需要的訊飛輸入法及 MS Excel 表格。」講解這個課程多次的我，一一說出要講授的內容。

「好像都是工具耶！他們公司都是女生，會不會太難？」老婆超聰明，一句話就講到重點。

「所以我設計了很多遊戲、演練、比賽，讓工具變簡單。」我笑呵呵的說：「只要他們在課程的遊戲通關或得到冠軍，立刻就覺得工具不難，轉而成為幫助他們工作的『槓桿』。」

「這麼臭屁！」老婆戳我一下：「我就來看看你怎麼讓工具變簡單。」

「那當然，我可是永錫老師呢！」既然說我臭屁，我就臭屁一下囉！

／ 運用最簡單工具，最簡單運用工具

桌面上，iPhone 及安卓手機疊成一疊，每個桌子上一台筆電。我揮手大喊：「開始！」我們正進行一個支援前線的比賽。

所有的長帆同仁手立刻伸向手機，開始打字，只看到 Sammy 遊走四處，看大家有沒有需要協助的地方。

這是長帆物流的第二次課程，我正教完大家使用滴答清單來作為覆盤的工具，再準備小組競賽前，先說明規則。

> 支援前線規則
> ⇨ 同組每一個人要用手機上的滴答清單寫出昨天工作的覆盤，發送到目前上課微信群。
> ⇨ 每組要有一台電腦，在上面安裝滴答清單，組長（高階主管）要在滴答清單的收集箱（inbox）中用鍵盤輸入針對同仁覆盤結果，所規劃出的今天、明天任務清單。
> ⇨ 每台手機或電腦的左欄清單介面統一，只能有今天、明天、收集箱三個欄位。
> ⇨ 由 Sammy 及我的兩位助教擔任評審，驗收每一個手機及各組電腦，全部完成後，小組成員手牽手大喊「我完成！」。

當我大喊「開始！」後，各組就開始設定的工作，而這也是學習滴答清單這個覆盤槓桿（Leverage）的開始。

> **善用槓桿，就可以用小的力量，**
> **產生大的力量。**

　　只見到 HR 小羅擔任組長的小組，小羅迅速完成自己手機覆盤發送到微信，正在協助小組同仁完成介面設定。

　　曼麗擔任組長的小組，曼麗慢條斯理拿著手機輸入，組員分成兩個小組協力一起幫助彼此完成發送手機覆盤的工作。不過，他們忘記整理今日任務清單了，Sammy 和我同時看到這組的狀況，Sammy 看了我一眼，我點一下頭，心照不宣。

　　高階業務主管快芳一開始就打開電腦，開始介面設定並在上面打字覆盤，其他小組同仁各自輸入覆盤，偶爾有些交談，整個小組極有效率。

　　第四個小組有點卡關，因為組長對電腦不大熟悉，其他人都結束手機端輸入了，一起來幫助組長，他們也舉手，請 Sammy 過去協助他們。

　　「我完成。」快芳帶領整個團隊起來，手牽手高舉大喊。

　　「YA ！」微微亂了頭髮的她，領頭高聲大喊，充滿興奮。

　　「我完成！」、「我完成！」各組陸續完成任務，最後一聲「我完成！」告訴大家，所有的中階幹部，在十分鐘內，都學會了滴答清單手機及電腦版的基礎技巧，而伴隨的每天覆盤打卡，將成為長帆物流成長的槓桿。

　　因為滴答清單及微信群，讓整個公司形成了日記化及日覆盤訊息流，形成長帆的管理槓桿，協作能力更強。

運用工具的優點與重點

我們邀請第一名的快芳小組，上台分享心得，從這樣的練習中，團隊可以學到什麼？

「我們小組經過討論之後，規劃了三點。」快芳個子雖小，講話聲音很洪亮。

「首先，我們覺得滴答清單簡單好用，而且我們統一『今天、明天、收集箱』的介面，化繁為簡，未來我熟悉這個工具，就可以複製給下面 28 位下屬，每天看得到大家的覆盤及日計劃，所以我們作幹部的同仁一定要優先學好。」快芳，一口氣把便利貼上的第一點，流利說完。

「第二點，我們平日工作都在桌機上，可以照著青蛙的日計劃確實推動；下班後或回到家，可以用手機看到同仁的覆盤和明日的計劃，寫自己的覆盤。手機和桌機兩用的滴答清單，對我們管理階層的人員幫助很大。」快芳進公司超過十年了，以前都需要加班才能處理事情，有了好的工具，就可以早點下班，把更多時間留給家人。

「第三，其實我昨天才下載滴答清單，今天的支援前線比賽，讓我立刻覺得對這個 App 有了基本的認識。回去之後，我還要繼續學習，讓我的團隊生產力更高。」快芳右手握著上課講義，一面說著，一面搖著講義，好像要加強她學好滴答清單的決心。

「工欲善其事，必先利其器」快芳說了結論：「你手上的手機，一把小刀，還是一把利器，就看你平時能否勤練招式，磨利刀刃了，謝謝大家。」

快芳的話語方落，整場的掌聲不斷，她不斷地鞠躬答謝。我也趁

機邀請全組上台，頒發支援前線這個比賽的獎品：《早上最重要的3件事》。

檢視大家覆盤，整理個人計畫工具

「永錫老師，我來問問題。」褚晶是黃總的秘書，當了七年，是很受重視的公司未來之星。

「我也要聽。」小婷是 Sammy 的秘書，積極而學習力強。

「先謝謝老師，上次我滴答清單老師沒辦法登錄，你教我先刪除、重新開機、再安裝登錄，就通過了，太感謝了。」褚晶很有禮貌的，先道謝。

「太好了，你們倆有什麼問題就提出來吧！」我說。

「這幾個月下來，引入滴答清單來覆盤及計畫打卡後，每天晚上大家看著彼此覆盤，早上看著工作伙伴的任務清單，整個訊息流更清楚了，但我有個問題。」褚晶看著滴答清單裡面她的問題說：「我覺得我處理多項目的能力還是弱了些，老師你有什麼建議嗎？」

「這個問題很好，我在自己覆盤及看了同仁們覆盤後，也會覺得許多項目需要推動，這時候我就會拿一張紙張，規劃下自己的任務清單。」我找了找我隨身的背包，拿出了筆記本，秀給褚晶及小婷看，他們兩個立刻圍了上來。

🗐 1. 台中上班

- 第二本書 L 3 800字
- 早鳥價結束 北京 重慶
- 今週刊採訪九宮格
- Esor公開課
- App思考 Ed

🗐 2. 台中家庭

- 無人機 花壇飛
- 美國之旅 住宿 租車
- 所得稅
- iKid 董事會

🗐 3. 5/30-6/5 重慶出差

- 順風123 邢總高管
- 58th 研習 曾靖

🗐 4. 6/6-6/11 北京出差

- 邏輯思維
- 出版社 孫
- 王拓
- 59th 研習會 阿雷
- 車庫咖啡

🗐 5. 6/12-6/15 深圳出差

- 長帆物流 Sammy
- 1001夜 海港城

🗐 6. 企業客戶

- 順風123
- 長帆物流
- Others

「你看，我把我的任務清單分成六個"領域"，裡面各有 2-7 個左右的項目，這就是我的項目清單，裡面有 21 個項目。」我指著我的筆記本說，我把任務清單打字後印出來貼在筆記本中。

「嗯，我想到了，其實我每天看群裡面大家覆盤打卡，這裡面就分成幾個領域，十幾個項目在推進。」小婷興奮地說，褚晶聽：「我其實可以和老師一樣，做一個項目清單，讓自己瞭解每個項目的進程，也決定自己的下一步行動。」

「對吼，我也會寫下幾個項目分別在滴答及紙上，應該和老師一樣放在同一個頁面，那就是項目清單了是嗎？」褚晶也說出她的經驗。

「對呀，小婷說看完大家覆盤，整理出項目清單；褚晶說把所有的項目放在同一個頁面，都是很好的辦法。」我嘉許地看著兩個年輕人，真是後生可畏呀！

「老師，那我們應該在紙上、手機或電腦上管理任務清單比較好呢？」褚晶立刻提出一個工具問題：「老師你自己是怎麼做呢？就是打字後印出來嗎？」

「其實照自己習慣的方法，不過褚晶說的真的沒錯，我是把任務清單打字後印出來的。」我微笑比著我的筆記本說。

我使用任務清單已經很多年了，任務清單就像是一個賽馬場，每個任務則是不同的賽馬，在自己的賽道上努力前進。管理任務清單的我們，最大的重點不是做事，而是理清每個任務接下來的下一步行動，並確保這匹賽馬在正確的賽道上面前進，到達我們期待的結果。

以前我總用很複雜的 App，管理好任務及其下一步清單，這些年

來，我更喜歡紙張，我在電腦上打入各個任務及其下一步行動（或是一些和該任務相關的資料），之後印出任務清單，放在手邊。隨手一隻紅筆就可以圈出重點，藍筆隨時寫下下一步行動。

「好簡單喔！永錫老師，這個方法我一定要學下來。」小婷張大眼睛地說。

「小婷，那天永錫老師要你做的 Excel 表格做好了嗎？拿給我看一下。」Sammy 探頭進來，問了小婷一件事。

「好了，我等下把表格寄給你。」小婷高聲地說。

「永錫老師，謝謝你，我要回去工作了。」小婷低聲地說。

「謝謝永錫老師，我學到這個『簡單』的方法了。」褚晶故意大聲地說。

「小婷，動作要快，等下永錫老師和黃總吃飯就要用了。」遠處聽到 Sammy 的聲音，小婷用肘子頂了褚晶一下，一溜煙跑去做表格了。

建立覆盤「訊息流」的工具系統

「永錫老師，這個滴答清單太好用了。」黃總手上拿著茶和太太及我敬酒「兩年前我上你的課的時候，我下載用過，沒想到現在才覺得這麼好用。」

第二次上課，剛從加拿大回來的黃總招待 Sammy 及我兩夫妻到隔壁一家粵菜館子” 私房菜”用餐，吃吃地道的粵菜。

「其實 Sammy 就用滴答用得很好，常常和大家推薦使用滴答清單。」黃總是個沈默寡言的人，長帆物流是他用生命做出來的企業，凡事都希望為公司好：「我的工具運用能力比較差，但是我要努力跟上，長帆的管理一定要靠工具作為槓桿，這樣才能讓公司持續進步。老師，你可以講講在這 100 天的培訓中，除了滴答清單，還需要加強哪一些工具的運用，組成一個長帆獨有的工具系統嗎？」

看到黃總都舉起杯子，我也趕快拿起茶杯說道：「沒錯，用滴答清單來記錄青蛙及覆盤是最主要的工具，另外還有訊飛輸入法、MS Excel，三樣工具組成系統，我們待會吃完飯，我就和黃總及 Sammy 報告一下。」

黃總是個很聰明的人，知道我們幫企業架構的不是單一的覆盤工具，而是相互搭配的訊息流系統，以下就讓我們繼續探討這一套幫助企業效能提升的幾個 App 吧！

「首先，是訊飛輸入法。」吃過美味的鵝肉，我請黃總及 Sammy 打開訊飛輸入法的介面，我一面展示，他們一面操作：「他最驚人的能力是一分鐘辨識四百字，一般人說話速度低一百字，所以語音辨識的速度，非常快速，而成功大約是百分之九十八。」

「真的呀。」黃總和 Sammy 先下載訊飛輸入法，一面輸入語音：「今天晚上招待永錫老師，吃，廣東菜。」

「哇，辨識能力很厲害呀，這樣不在電腦前面，也可以迅速輸入文字了。」黃總很滿意訊飛輸入法的速度和正確性。

「我們培訓先訓練中階幹部熟悉用訊飛輸入法寫覆盤。」我一面看著黃總的手機一面說著：「練習一百天之後，用訊飛輸入法的能力純熟了，就可以手把手帶著他們下屬來做，我們希望企業裡的兩千個員工都能擁有覆盤的能力，這樣優秀的員工就能因此而進步。」

「這就像是在同仁的大腦裡面裝上 CPU，他們能夠自我進化。」黃總說：「大家也可以藉由微信，看到彼此的覆盤。」

「那除了之前討論打卡規則外，公司可否針對覆盤及青蛙的結果進行管理呢？」黃總創業 20 年了，立刻就講到重點。

「有的，之前我就發給 Sammy 一份微信打卡管理的檔案模版，剛好請他說明一下。」我眼角看下 Sammy，他做了一個手勢，表示沒問題，換他上場。

之前和 Sammy 進行教練對話時，我就發給他一份 MS Excel 的打卡登記表，請他登記，正好是時機和黃總報告。

Sammy 打開隨身的公事包，拿出一式兩份的文件，交給黃總和我。

「第一份文件，是我們企業打卡至今三個微信群的打卡登記，由我的秘書小婷整理，上面是上個月同仁覆盤及青蛙打卡狀況，休息室請假、漏報是沒打卡應該發微信紅包。」Sammy 看著文件說明。

「請參閱第二份文件，是該發微信紅包是否有未發的狀況，有多位同仁可能因為太忙，雖然該發紅包，但是未發，我們會每個月主管會議提出來，並請他們補發。」Sammy 表情很嚴肅。

「恩…」黃總看表格看得很仔細「永錫老師，這個表是一個月做一次？」

「是的，未來的一年，每個月的幹部會議，都會請 Sammy 準備這份表格，給高階主管會議，中階幹部會議時使用。」我和黃總說：「好的管理，很重要就是要做到有賞、有罰，這份資料是個統計數據，這樣認真的人可以被表揚，摸魚的同仁也看得很清楚。」

「太好了，Sammy 辛苦了，明天我們開高階決策幹部會議，我們就先發這份文件給高階們看，從他們開始。」從黃總微笑的嘴角看來，他很滿意

我轉頭又看 Sammy 一眼，他微笑和我眨了一下眼，Yes。

讓工具成為你的槓桿

「老公，我越來越懂得你為什麼要教大家用滴答清單作覆盤？」出差五天可以回家了，從深圳搭直達香港機場的巴士，老婆說著：「這些工具，真的很『簡單』，連我這種工具白癡都學會了。」

「真的嗎？講講看你上課觀察到的點吧！」我想要老婆多講講她的見解，我知道她的觀察力一流。

「首先，藉著彼此看覆盤及青蛙打卡，大家協作能力增加了。」老婆看著筆記本上的筆記，這是她五天來的紀錄：「接著，藉由 MS Excel 的數據，一眼可以看出大家打卡的精確度，企業多了一個可以評定幹部良莠的角度。」

「最後，中階幹部的成長，會刺激高階主管更認真，尤其是Sammy，你看他這次參加了每一級幹部的課程，全神貫注。」老婆合上筆記本：「老公，你辛苦了。」

　其實一點都不辛苦，這次我們引入了滴答清單、微信、訊飛輸入法、MS Excel，為客戶建立了有槓桿效應的工具，只要幹部每天做好日計畫、日檢視（每日覆盤），就可以建立公司的訊息流系統，這些覆盤的技術，讓同仁間協作能力更強。

　作為一個老師，擁有一群愛學習的學生，又可以幫助企業成長，這不就是最好的鼓勵不是嗎？當然一點都不辛苦。

4-3

企業覆盤 O：
計畫與日記的閉環

「我來講我們企業裡一位芳芳的覆盤故事…」這是長帆第三次培訓，餐飲業的陳總之前和我說了，他要來分享幾個他們企業覆盤及青蛙的例子。下面是陳總說的故事。

前幾天晚上我們深圳益田假日廣場店的生意很火爆，當天接了很多尾牙的單子，店裏面熱鬧得很。時間快要關門了，卻看到一位女客戶到櫃台求救。

原來是當晚有一位老闆款待全公司同仁尾牙，自己喝開了，醉得睡著了，同仁陸續離去，剩下老婆。可是老婆死活叫不醒，老闆體重有點重，家雖然在走路可以到的華僑城，但老闆娘也搬不動，於是和我們的櫃台同仁求援。

我立刻帶了前台的小崔、廚房的老向過去協助，沒想到人喝醉了特別重，抬起來又滑下去。我靈機一動，到樓下超市拿了買菜的手推車。三個同仁七手八腳把客人搬到手推車上。

老闆娘說他們家就在隔壁華僑園，所以也不叫車了，我們三個同

事就陪著老板娘一路推到他家樓下。再搬到三樓，放到老板家裏客廳沙發，臨走時老板娘還不斷道謝，大家一身是汗，回到餐廳也已經十二點。

　　隔天，老板娘親自送了兩瓶紅酒過來，說要送給昨天幫忙的同仁，實在推不過，我們只好收下來。

　　「覆盤提供了我們企業很多有溫度的案例，現在我們公司兩千個員工，每週挑出三個案例各店微信分享，一年就有一百五十六個案例，我們會印出一本服務手冊，送到各店手中。」陳總本身是個很有溫度的人，因此他們的企業，就藉由覆盤，累積了大量的案例。

什麼是閉環？（Closed Loop）

　　「我們第一、二堂課教了大家覆盤及青蛙。」這是我在長帆第三堂課程的破題：「今天我們要教的是閉環（Closed Loop）。」

　　「每天我們數百位在不同微信群裡面覆盤，每天青蛙打卡，形成了整個企業的訊息流。」我微微頓了一下，特意放慢速度解釋今天課程的主題：「整個訊息流系統，當然不能有漏洞（Open Loop），要靠大家做好覆盤及青蛙，團隊協力，才能達到最大效益。」

　　我用中階幹部褚晶（黃總的秘書）一天的工作來解釋閉環的運作。

　　「褚晶經過一天的工作後，自然會在腦內有些想法或念頭（這些就是雜事）」我慢慢地解釋：「這些想法經過沈澱，就是她在回家路上寫在滴答清單，發到微信群中的覆盤。」

「當褚晶回家後，休息一夜醒來，很自然地又沈澱出工作新想法，一早她寫下今天的青蛙到滴答清單，並發送到群裡。」我細細解說褚晶寫出的覆盤及青蛙，是整個公司訊息流的一部分。

「於是，褚晶到了辦公室就依照自己的青蛙去工作，當然會有很多的突發狀況，但是她知道今天的青蛙是什麼，會儘量努力『先吃下那隻青蛙』。」我慢慢講出第三部分：「這樣認真吃青蛙、蝌蚪，處理突發狀況到晚上，很自然很多想法或念頭（這個狀況是雜事，還沒理清成下一步行動），就又寫下一天的覆盤，把這些雜念理清楚。」

「這就是所謂的閉環，也就是讓工作流程沒有漏洞，每一個雜念雜事都會被照顧到。」全場很安靜，講完閉環後，彷彿重新喚醒他們對覆盤及青蛙打卡的認識。

> **每天吃青蛙，每天覆盤，**
> **形成每天閉環（Closed Loop），**
> **這樣的企業培訓我通常要進行 100 天。**

要的就是長帆物流的中高階幹部，自己做好閉環，進而協助他們下屬同仁做好閉環。

這樣企業的訊息流（Workflow）系統得以無聲、自動化地運轉。絕大部分的企業訊息流都無法順利運作起來，因為管理人員需要投入大量的管理，才能維持系統的運作。

要減少系統的破綻，長期運作訊息流系統，做好每日閉環，我給了褚晶一些建議：

> ⇨ 建立好每天吃青蛙及覆盤系統，讓同仁熟悉打卡的工具。
>
> ⇨ 建立任務清單，把手上專案列表追蹤，並且每週檢視一次。
>
> ⇨ 善用番茄工作法（設定 25 分鐘專注工作時間，五分鐘休息時間），並列出一個兩小時內要做的事情小清單，配合番茄鐘使用。
>
> ⇨ 整理好自己工作的桌面，設定一個實體的收件匣，建立一個桌面工作流系統，處理實體的文件及紙張。

褚晶是一個年輕有為的中階幹部，只要一個企業的中階幹部學習好青蛙打卡，做好覆盤，建立閉環，對她一輩子的職業生涯一定會有很深的影響，讓我們為她加油。

時間管理的 FAST

「快思慢想（Thinking. Fast and Slow）」是著名行為心理學家 丹尼爾 · 卡內曼（Daniel Kahneman）的重要著作，作者把大腦運行系統分為系統一及系統二。

系統一（Fast），反應直覺，容易被旁邊有趣的東西吸引，好處是可以瞬間找到最適合的下一步行動。

系統二（Slow），理性思考，在正式的場合，忍耐控制自己不看旁邊正妹，好處是可以處理複雜的事情，例如寫一份訴訟案件的文件草稿。

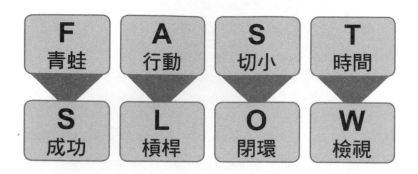

　快思慢想這個概念，也可以套用我們在閉環時的先吃青蛙及覆盤打卡上，幫助我們的工作流程更加順暢，時間管理能力更好。我們分別用「FAST」及「SLOW」八個角度來思考如何做好更好的閉環。

　快思，每天快速規劃青蛙，瞭解一天重點，用 FAST 法則，吃完今天青蛙。

▍F：青蛙：

　每天花五分鐘列出 1-3 隻青蛙（重要事情）；5-7 隻蝌蚪（瑣事），發到群組裡面，接著九點半時看一下團隊所有人的青蛙，接著決定當下要花時間去做的最重要的事情，持續推進，直到吃完第一隻青蛙。

　永錫老師的用法：我自己會維持一個今日工作清單，先吃青蛙，後吃蝌蚪，搭配番茄工作法推進。

A：行動：

問自己下一步行動是什麼？

首先瞭解目前手上的大小事情，大事情是專案，小事情是雜事，問自己「下一步行動是什麼？問自己「預期的結果是什麼？」。把雜事理清，決定下一步行動，找出預期結果，就能管好一個專案。

永錫老師的用法：我會把手上的專案列成任務清單，每週理清，隨時掌控各個專案的進行狀況。

S：切小：

把吃不完的青蛙切小，找到下一步行動。

我們在吃青蛙時，常常遇到一個狀況就是青蛙太大隻，你可以利用條列法、心智圖或九宮格法，一隻大青蛙分成頭部、兩隻前腳、兩隻後腳、青蛙身體等部分，分析一下吃青蛙的方式，這樣可以有效幫助我們找到吃青蛙的下一步行動。

永錫老師的用法：我比較喜歡的是日本松村寧雄先生的曼陀羅九宮格法，我會把複雜的專案（例如寫書，我的近期任務清單），在紙本或電腦上，用九宮格的方式來梳理，先切成九部分，就各自的部分，列出思考要點，找出下一步行動。

T：時間：

番茄工作法，幫助我們更加專注。

番茄工作法和吃青蛙是天造地設的一對，每天的青蛙，通常需要1.5～2.5個小時才能完成，也就是要花三到五個番茄鐘，當我們

需要專注工作前，設個番茄鐘，就能讓我們的工作效率大增。

永錫老師的用法：我使用好友 5S 生活開發的實體番茄鐘，25 分鐘專注一件事情，休息 5 分鐘時，離開座位兩公尺以上，徹底休息。

時間管理的 SLOW

慢想，如果我們希望覆盤寫得更好，每天花個五分鐘，慢下來寫日記，以下介紹永錫老師寫好日記的 SLOW 法則。

S：成功日記

寫下自己的成功日記，在團隊建立成功的群規則。

寫在群裡的日記時，初期要多寫自己成功的事情，也多稱讚團隊寫的內容，這樣能夠促成團隊寫衝越來越多的成功日記，還有人會為了寫日記，特別去做出好的行為。

永錫老師的用法：每個人都喜歡聽到自己的姓名，寫覆盤時多寫人名，整個微信群中會建立越來越好的氛圍。

L：槓桿：

好工具，讓青蛙及覆盤發揮更大效果。

一個好的槓桿工具，可以穿梭在不同場景，滴答清單及微信，可以在不同平台上手機使用，也可以在任何桌機操作。不僅如此，微信可以發紅包，一種是群體搶紅包，這對沒有遵守規則者是懲罰，遵守規則的他人是獎勵，讓整個覆盤及青蛙打卡的過程更具遊戲性。

永錫老師的用法：們建議覆盤不要超過140字，寫的內容要分點、分段、有人名，都可以讓彼此閱讀覆盤的體驗更好。

▌ O：閉環：

把握青蛙及覆盤的連續技，建立好的閉環。

褚晶每天晚上工作完成後，寫下自己的覆盤。隔天上班前列出自己每日工作計畫（青蛙）。經過一天的行動，有些想法，寫下第二天的覆盤，就這樣日復一日，週復一週，形成閉環。

在一百天中，雕琢這閉環，思考如何寫出更好的覆盤，並閱讀同伴的覆盤，寫好更好的青蛙，並閱讀伙伴的每日計劃，根據時間管理的方法，做出更多好的行動，這樣讓自己青蛙、覆盤、行動形成連續技，做出更好的閉環。

永錫老師的用法：每天早上寫覆盤，接著規劃自己一天的計畫發到群裡面，並且做好每週檢視工作，掌握自己任務清單的狀況。

▌ W：檢視：

定期檢視青蛙及覆盤。

每天發出覆盤後，在群裡面看覆盤，發出青蛙後，在群裡面看彼此青蛙（看同事是否需要自己協作），想好需要協作時的處理狀況。每七天團隊一起來做分享七天日記的心得，也等於是檢視上週團隊的專案推進狀況。每個月召開會議檢視整個團隊打卡狀況（MS Excel 打卡統計表格），一起討論團隊下個月前進方向。

永錫老師的用法：每天寫日記，每週會閱讀一週來的日記，分享給團隊有意思的體會。

快思 FAST，慢想 SLOW，用八個方法來做好吃青蛙及覆盤，就是做好閉環（Clossed Loop）。

企業閉環的難題思考

「永錫老師今天幫大家講了閉環，讓企業的訊息流更加順暢。這兩年，我們整個企業比較順利地完成了日閉環（每日青蛙＋每日覆盤），現在正在努力做好第二個周閉環（周計劃及每周覆盤）。」陳總沒有投影片，就用他的真誠，和長帆物流的幹部們說著：「每天發青蛙和蝌蚪，每天寫覆盤，感覺好像成了自己血液里的東西，好像變成了自己的 DNA。」

我沒有講話，全場的同仁也沒有講話。

「每天看同事們覆盤，我覺得對他們的思想和行為，感同身受，這是一個分享，吸收和享受的過程，感覺很幸福，感覺跟小夥伴們更緊密了。」陳總一面說，一面踱步，慢慢走到課堂中間：「有點不能想象，如果每天不做的話會有什麼感受。以前我們公司老是出去學習別人的經驗，學習別人的方法和系統。現在，我們很快就會擁有一套千悅特色的系統了，這在全國餐飲企業裡面，絕對是第一個。」

最後的尾音高揚，分享結束，全場掌聲。

「陳總，如果有人每天覆盤及青蛙打卡只是寫流水帳怎麼辦？」曼麗非常認真，立刻舉手，說出她想請教的問題。

「是的，總會有人因為自己能力的問題，意願的問題，打出來的結果不如人意。我們會有高階主管去現場瞭解他打卡的狀況，先予以輔導。」帶領員工的陳總經驗豐富，緩緩回答：「如果是他學不

會，那主管必須再教導，給同仁時間空間；如果是意願甚至態度的問題，主管要說明這是公司制度，必須即時做到賞罰分明，不能打迷糊帳，讓同仁有偷懶空間。」

「陳總，請教一下，公司如果有部分同仁不打卡怎麼辦？」快芳問到她自己團隊的問題，有一位同事很排斥打卡，甚至威脅要退群。

「我們公司也有這樣的案例，有位廚師叫做光頭，剛剛打卡沒多久，就因為被罰了紅包，和她主管吵著要退群，說是不想要受到限制，結果他真的退群了。大家也不理他，過了半年，光頭來找我，偷偷要我請他主管讓他進群。」陳總笑瞇瞇地說：「因為他發現公司裡所有的訊息都在覆盤及青蛙打卡裡面，不在群裡看不到，大家也想看群就知道了，為什麼光頭不知道。

「所以如果人排斥打卡，想要退群。」陳總眼睛望向快芳座椅的方向：「一開始就是勸導，但是他還是堅持要退群，我們也沒辦法，但是除非他不想待在公司了，最後我相信他還是想回到群裡面的。」

「陳總，這個打卡系統可以找出人才嗎？」HR 小羅問起了她職責相關的問題。

「我發一個我們 HR 高級主管的覆盤到群裡面吧！」陳總拿起手機來操作，把他今天收到的一個覆盤發到群裡。

「今天對倉庫管理進行了訪談式調查，以前常常聽多位領導說倉庫 5S(日本一種管理手法)。

主動幫助店裡其他崗位的員工，從覆盤看到很多案例。今天和他所在的樓面主管及廚師長溝通，發現店裡同仁對他評價非常高，幾乎沒有缺點，唯一可惜的是年紀稍微大了點。像這種員工，我們必

須主動發現並放對崗位善加運用，不然就埋沒了。我們應該要通過各種渠道挖掘人才並主動培養。人才庫的建立不是一朝一夕的事，必須設成青蛙，主動行動。」

「我們的 HR 可以透過覆盤寫出她找尋人才的方法，其他的高階決策幹部看到了，就可以進而學習。」陳總對長帆的同仁說著，HR 小羅拼命點頭，手則是不停做筆記。

「最後，我想送大家八個字『由形入型，由型進心』，這也是我們企業打卡的心路歷程。」分享的最後，陳總說：「一開始打卡，大家總是心不甘情不願，像是我們光頭，就退群不打了，這個階段就是形，形狀的形。」

「接著我們的中高階幹部把打卡推廣到第一線員工，所以第一線員工，和他們主管一樣處在形，形狀的形。」陳總慢慢說著，像是把這一路上的心得都和長帆同仁述說：「但這中高階主管警覺到，他們必須認真打，要做到更高層次，也就是型，成了一種典型，第一線員工的模範。」

「而我們這些高階決策群，看著下面第一線同仁是形，中高階主管是型」陳總語速增快了，但是他似乎沒有知覺：「這個覆盤及青蛙打卡的習慣，成了自己血液裡的東西，好像變成了自己的DNA，這就進心了。『由形入型，由型進心』這八個字，送給大家。」

「感謝陳總，我們長帆一定會吸收陳總公司經驗，持續覆盤及青蛙打卡。」黃總接著上了講台，和陳總深深握了手：「我們掌聲感謝陳總的分享。」

4-4

企業覆盤 W：
檢視過去、現在與未來

「永錫老師，您這次來公司的重點放在何處？」HR 小羅正和我進行課前討論。

「首先我想請你找幾個中階幹部，討論覆盤的執行狀況。」我回答：「接著，和 Sammy 討論他個人時間管理系統的問題。最後，找高階決策團隊，討論整個公司覆盤推動狀況。」

每天覆盤及青蛙打卡是公司推動時間管理的基礎，把這個部分做好了。我們就上到第二個階段，可以開始瞭解團隊推動專案的能力。這部分做得好，才能夠推動更遠的月及年計劃。

放在「門口」

「永錫老師好 ...」褚晶、小婷進來調研的時候，兩個人笑嘻嘻，年輕果然無敵，帶來許多活力。

「這次培訓，有什麼期待自己做得更好的部分呀？」面對兩個優秀的中階幹部，直接問他們對自己的期許。

「做好日覆盤。」褚晶和小婷兩人相對一望，同時大聲喊。

而寫好隔日日計劃（Watch 今天），是我們 SLOW 法則最關鍵的一環，也就是我說的地面肉搏戰。因為做完覆盤及計劃，接著就是今天的戰役開始，我們要奮戰到一天的結束，接續的才是下一個覆盤及青蛙。

真的很難。

我學習時間管理將近二十年，覺得日管理變化多端，需要強大的意志力才能推動要吃的青蛙，要解決大量的突發狀況，還要兼顧生命中短期及長期的目標。

但是也有一些法則....

「快講、快講！」知道我在賣關子，小婷大叫。

「這個法則叫做『在門口』。」我們在做每日工作的時候，要是把重要的事情放在門口，隨時要出門就能「Watch（看）」得到。

⇨ 明天出門要順便倒 / 垃圾，擺在門口
⇨ 明天早上要去郵局寄送報稅文件，擺在門口
⇨ 明天兒子上學需要書法用具（或游泳器材），擺在門口

「永錫老師，你講的是倒垃圾、寄文件、孩子上課物品。」褚晶越說越慢：「對了，我們也可以放在微信的門口....」

「怎麼說呢？」我笑著看褚晶。

「微信是我們每天打卡最多的 App，也就是說，我們每天一定會打開微信很多次，就像大門每天我們一定會打開一樣。」褚晶說著。

「我們和同仁的覆盤都放在微信，我們同仁覆盤看越多遍，就更會去看。」褚晶說著：「我的青蛙放在微信，也促使我更常去看同仁的青蛙，因為我常常在裡面看到提到我的名字，是他們想要和我溝通的事情。」

對的，微信、Line 這類的工具，我們每天打開許多次，如果變成我們的「門口」，可以看到工作伙伴的覆盤及青蛙，那我們就增加了一個高生產力的工具。

> **只要把事情擺在門口，就比較可能被完成。**

就算我不是那麼聰明，偶而也會懶惰，但是我們還是想做出傑出的成就，只是我們懂得把覆盤及青蛙打卡放在 Line 及微信這類常常打開 App 的「門口」。

我的覆盤流程

接著，我分享一下自己每天「Watch」的流程。

⇨ 每天早上八點鐘左右，花五分鐘打字青蛙上傳群組，花五分鐘打字覆盤前天事項。

⇨ 每天做事分成上午及下午，上午列個兩小時清單（兩小時內要工作的大小事情），設定番茄鐘開始工作。

⇨ 不定時清理 iLINE 收件匣，實體 in-tray（我有兩個大木盒做實體收件匣）、L（微信及 Line）、I（使用 Gmail 為主收件匣，去大陸用 QQmail）、N（用 B6 紙本筆記本）、E(投影片、圖片等電子文檔。)

⇨ 清單部分，則有剛剛有的兩小時清單，今明兩日計劃，還有近兩週的專案清單。

「永錫老師，你管理今天的方式我也要學起來，像你一樣，成為時間管理黑帶高手。」小婷、褚晶比了一個空手道的姿勢，我們一起哈哈大小。

花園與園丁

「永錫老師，我想請問一個問題。」第四次課程調研時，Sammy 提出這個很重要的問題：「我發現自己每天能夠做好覆盤，一開始覺得很好，一切專案都在管控中，但是之後我頻繁出差，非常忙碌，覺得無法管理好手上多個專案，你可以給我一些建議嗎？」

「怎麼說呢，你可以說明一下你的工作狀況狀況嗎？」我請他解釋清楚自己的狀況。

「例如兩週前，我花了許多時間，閱讀了一週工作覆盤，清理了所有 Line、郵件、會議記錄、各種文檔、各種清單，理清所有的項目。」Sammy 清楚地描述：「當理清好自己所有事情，一開始神清氣爽，想說可以好好做事情，過沒幾天，突然來了許多個新專案，舊的專案也出了些狀況，出差的行程一再更改，行事曆的日程調整了好幾次，一切變得一團亂。」

「嗯，我懂你的狀況了，其實你只要像好一個園丁，整理好你的花園就可以了。」我微笑地說道。

「像是園丁一樣，整理花園。這個概念太有趣了，但是也覺得一句話打到我的心坎裡，你可以多解釋一下嗎？」Sammy 聽到「園丁」這個概念，瞇著眼睛講出這段話。

「當然沒問題呀。」當學生準備好了，老師就出現了。

" *沒有園丁，就沒有花園。* **"**

「我有個朋友也是某企業總經理，幾年前他搬了新家，想在家裡的陽台布置一個花園。」我對 Sammy 講起了一個故事：「他決定請一位女性朋友來幫他庭園設計，這個設計師是園藝系碩士。」

主人自己有很多想法，，因為工作忙，又頻繁出差，因此一再和她強調，庭院一定要自動化，不用維護，要設計自動定時灑水。總之，要花最少的時間在庭院維護上。

最後，園藝系碩士忍不住和老總說：「我知道你很忙，但是有一個道理你要明白，沒有園丁，就不可能有花園。」

聽了這個故事，Sammy 不作聲，沈默了一段時間，之後開口：「永錫老師，你說得一點都沒錯，兩年半前我就上過您的時間管理課，但是每週檢視總是做得很粗糙，我就跟上面這個老總一樣，想要得到結果，但是又不肯花上時間，難怪終年等不到繁花似錦，只見雜草叢生。」

「人生的花園不能只靠自動維護設備來取代園丁的角色，我們不能只丟下種籽，什麼都不做就離開。唯有平時努力不斷地灌溉、鬆土、除草，最後才有豐收的微笑。」看著 Sammy 的眼睛，我知道這是一個決心成為好園丁的眼睛。

「我們分成兩部部分來講，一部分是個人的每週檢視，另一部分是團隊的每週檢視。」我在白板上畫一個表格，細細說明：「目的是讓 Sammy 及長帆的幹部成為更好的園丁，這也是我們第四堂課的要點，首先先說明，如何做好一個人的每週檢視。」

檢視過去一週累積的雜事

> 一個人的檢視，
> 目的是做好對自己過去、現在、未來，
> 多專案的檢視。

檢視過去，首先用到上一章節的「閉環」（Close Loop）概念，每週檢視的高度是週閉環，要做到把雜事加工成行動，達到週「閉環」。

實體收件匣，處理實體文件、各種信函、帳單、非文具的用品，簡單而言，就是放在你辦公桌桌面、抽屜或櫥櫃上不需要的物品，這些東西要收到合適的地方，讓桌面的工作流得以通暢。

Line 一類的即時訊息，每週要把還沒處理的訊息整理一遍，並梳理出幾條重要的專案訊息流。

郵件的收件匣，Sammy 是物流公司，處理多國的業務，清空電子郵件的收件匣是非常重要的工作，一週一次處理當天沒好好處理完的專案，找出下一步行動。

筆記本，如果有必要，請 Sammy 看看自己的會議筆記本。

其他和你推進專案有關的資料，相片、Office 文檔、PDF 等。

「這是每週檢視第一階段，檢視『過去』，我估計在 20 分鐘上下完成。」我 ：「接著，我們要理清『現在』，基本上就是管理好這兩週的任務清單。」

／檢視現在兩週的專案與任務

在兩週的範圍內，我們需要理清專案，一般而言，每個人同時都會有 15-50 個專案，如果你的專案數低於此，那表示你對許多人生不同領域（Area）沒有關注，我介紹我近期專案。

首先，我分成了八個領域，正好是九宮格上四周的八個格子：

⇨ **台中上班：沒出差時的幾個專案**

⇨ **台中家庭：有關家人的各項專案**

⇨ **利器：最近研究的一些工具**

⇨ **半人馬：手上推進的計劃**

⇨ **企業客戶：目前手上有的客戶及可能潛在客戶**

⇨ **重慶出差：到重慶出差舉辦研習會及其他事情**

⇨ **北京出差：到北京出差舉辦研習會及其他事情**

⇨ **深圳出差：深圳出差服務商業客戶及其他事情**

每個領域有 2-9 個專案，這就是我所有的專案匯集的任務清單。

「永錫老師，這太棒了，只要畫一個井字，形成九宮格，就可以把未來兩週所有的專案整理好。」看著我的九宮格任務清單，Sammy 好開心：「我也要學起來，這樣我的專案管理能力一定可以大增。」

「這些事情耗時要多久呢？」Sammy 問了關鍵問題。

「如果是我一個人單獨做任務清單的理清，15分鐘可以完成。你的話，可能會久一點，但是可以逐漸進步。」我回答，拿起白板筆：「接著，我們要講『未來』的每週檢視」

檢視未來的計劃

首先，思考年度計劃及自己的十年計劃。

接著，我會檢視「將來／也許」清單，裡面列出的是一些我人生的夢想。

最後，我會沈澱一下，在整個每週檢視完成前休息，看看有哪些神奇的點子會冒出來。

> **透過每週檢視**
> **每年有 52 次機會檢視自己**
> **才能擁有真正幸福的人生**
> **- 松村寧雄**

「永錫老師，剛剛看到你說明每週檢視，從把自己雜事理清成一個個專案，接著用九宮格梳理這兩週的專案，最後調整自己視角，像是熱氣球升空到更高的高度，俯視自己的事情形成創意。我希望，我也能夠練到這個境界。」Sammy 興奮地說：「我知道，就像想擁有一座美麗的花園，是需要園丁花時間及努力的，但是我願意。」

我看著 Sammy，突然間他伸出手，一瞬間，我們兩手相握，相視而笑。

/ 如何 Watch（檢視）團隊的一週？

「快芳、曼麗、小羅，今天我們和永錫老師一起討論運用高階決策會議做好團隊覆盤打卡。」Sammy 面對大家說明我從台灣飛來深圳，進行這次會面的原因：「也希望大家提出疑問，永錫老師會一一解答。」

「有兩位同仁和我反應不想覆盤。」快芳第一時間舉手：「經過我去調查，一位是不知道打卡的意義，一位是覺得麻煩，這要怎麼處理好。」

「有一些幹部，拉了下屬進了微信群裡，下屬也一頭霧水，如何解決。」HR 小羅問了第二個問題：「群裡面人數過多，訊息流就更加混亂。」

「有些同仁每日覆盤都是寫流水帳，要如何處理？」曼麗不甘示弱，問了第三個問題。

「我們一一講解吧！」我笑嘻嘻地說，看到大家都好認真，心裡很開心。

在快芳問的問題裡，有些同仁不知道如何覆盤，那主管就必須身兼老師的責任，教導他覆盤的技術、方法以及其重要性；如果態度不好，先瞭解他不打卡原因，也要給予他空間及時間，告訴他公司未來要先達到文字化，進一步體制化，覆盤是其中重要的環節。

HR 小羅提出，有些幹部拉了下屬進群，首先這些幹部是認同覆盤的方法及成效，這是肯定。但是他應該要自行培育下屬覆盤及青蛙打卡的能力，不是讓下屬進群，表面上是觀摩，但是無法讓他們瞭解覆盤的意義。

HR 小羅可以訓練幾位講師，到各部分或各地方公司，教導覆盤

的技術，並協助建群，並且留意最適當的群內人數是 25 人上下，這樣群裡的同仁閱讀彼此的覆盤狀況最佳。

曼麗的問題是大家的覆盤寫成流水帳，這時，曼麗首先要做的是「有賞有罰」，可以用投票的方式，票選出最佳的覆盤，對於較差的覆盤，曼麗應該和這位員工一對一，瞭解他的狀況。

「我想要請問一個問題，向我們這些高階的決策群會每週開會，我們能夠用這樣的機會，讓全公司覆盤的能力提升嗎？」Sammy 提問。

「有的，我和大家討論我運用將近 10 年每週檢視會議架構吧！」我回答。

每週檢視會議是一種共識型會議，這是 2008 年我從 BNI（Business Network International，商聚人）社團的開會流程學來，並每週和團隊開會的方法，時間約 40 分鐘，分成四個部分。

⇨ 會議開始後，花三分鐘檢視自己上週的覆盤。

⇨ 進行 60 秒覆盤報告，說明自己上週工作想和團隊報告的事項。

⇨ 七分鐘覆盤專題報告：由團隊中的某位同仁，分享一個主題，或許是工作狀況、團隊推動情形、自己的學習、讀書心得皆可。

⇨ 最後，發下上週 MS Excel 數據分析的表格，交叉討論後，每個人說明 30 秒自己本次會議心得。

每週檢視會議最大的特色是可以遠距虛擬開會，講到能夠遠距開會，長帆物流的同仁都興奮起來，這對分公司遍佈全球的他們而言，是很重要的工具。

　　「60 秒覆盤的重點要放在哪裡？」快芳問了個好問題。

　　「我在會前會請大家用 3 分鐘看一下各自的覆盤，就是希望大家能夠把報告重點擺在幾個重要的專案上，甚至列個小清單，報告清單就好。」我回答：「一分鐘報告是一個很好訓練表達能力的工具，主席要做適當的獎勵，讓會議氣氛更輕快。」

　　「每週檢視會議如何運作起來的要點。」曼麗提問。

　　「領導人的角色很重要，首先，領導人要以身作則，其次領導人要就會議做好準備，第三領導人要不斷的學習及練習。」我眼睛看著認真的曼麗，她已經準備好，要當一個優秀的領導人了，我的眼睛柔軟下來：「最後，領導人要有愛，就像曼麗你一樣。」

　　「謝謝永錫老師。」曼麗的眼淚快要奪眶而出。

　　「永錫老師，之前您發給我們統計的 MS Excel 數據分析表格，在每週覆盤會議上，用途在何處？」HR 小羅問。

　　「我們會議前半部是用柔性的方式來討論覆盤，而 MS Excel 數據分析則是用數字來檢視自己的行動，一柔一剛，達到更好的效果。」我回答：「這部分的統計很辛苦，就要麻煩 HR 小羅這邊了。」

　　「嗯，我知道了！」之前 HR 小羅帶領部門同仁辛苦統計，卻不知為什麼，現在則是眼睛發光，因為她知道，每個人的努力，終究是為了更強的團隊，讓大家引以為傲的團隊。

／複習企業版 SLOW

「永錫老師，我以茶代酒和你乾一杯，感謝你對我們長帆物流的照顧。」看到黃總茶杯舉起，我也趕快拿起來。

「這次我在加拿大，看到同仁認真打卡，讓我安心許多。」黃總開心的說：「以前看不到大家的青蛙及覆盤，有時候覺得不安心，現在看（Watch）到大家的工作流，也知道如何改善，這幫助我非常大。」

「對的，我們希望從文字化到體制化。藉著彼此看到青蛙及覆盤，讓整個公司的工作流浮現。」我也說出我心中的期望。

感謝黃總支持，這幾個月來，我們用 S.L.O.W 法則，協助公司建立了覆盤及青蛙打法卡的制度及習慣。包含了....

> *S 成功群規則：團隊建立屬於自己的規則*
> *L 槓桿，以待辦清單為主的工具系統*
> *O 閉環：做好快思（FAST）、*
> *慢想（SLOW）八件事，形成閉環。*
> *W 看：個人做好日覆盤、週覆盤，*
> *進而團隊做好週覆盤*

「永錫老師，我相信長帆會在您的系統幫助下，成為更優異的公司。」黃總再次舉杯。「這是一定的。」我也舉杯，兩人一乾而盡。

尾聲

給人生下半場的三個提醒

前陣子上了一個外國老師的課程，在引導的階段，他要我們思考三年的計劃。算一算，三年後，我 50 歲了。在這個百年計劃的表格中，50 歲是要填在 40-50 歲的格子，還是填在 50-60 歲的格子裡呢？我舉手問了老師。

老師要我填在 50-60 歲的格子中。震驚了一下，原來我已經開始要面對 50 — 60 歲。

後來的幾天常常照鏡子，看看將要 50 的自己的長相，一個念頭浮現：「人生下半場來臨，我要怎麼走下去？」

> **「就像是一條河，誰不是摸著石頭過河呢？」**
> **-〈致我們終將逝去的青春〉電影台詞**

理清自己的想法後，我決定要寫下這篇文章，一方面，把事情想得更透徹；二方面，讓自己以後可以回顧現在想法，這就是覆盤；三方面，一定很多的人就和我一樣處在這個狀況，正在思考這個問題。

我把這篇文章叫做「給人生下半場自己的三個提醒」。

╱ 第一個提醒：真實與虛擬

「我的真實世界很虛擬，我的虛擬世界很真實」熱愛網路的我，曾經這麼說。

有一段時間，我的世界是虛擬的，有許多的網友、寫很多部落格文章，和朋友藉用網路的聯繫工具長期互動，甚至到各地和網友見面。

我相信「工具是感官的延伸」，對一個本質內向、害羞的我，藏在工具之後的我是再適合不過的。事實上，我就是一個工具人

但是，工具推陳出新，一波波浪起浪落，虛擬的世界，進化好快；但回到真實世界呢？工具人回到真實世界，才發現真實世界，也改變了。

我被浪淹沒了，深深的有這種感覺。我的虛擬朋友很多，但遠在天邊，彷彿不存在。我的真實世界，缺乏經營，再回首，看來脆弱無比。

真正內心深處恐懼的是「新的後浪，已經升起」，我因工具而起，卻有更多優秀的人才，工具的使用比我更好，彎道超車，狠狠地追過了我。

虛擬世界不見了，我的真實世界還沒落地。

而且，人生下半場來了，我要留在虛擬還是進入實體呢？思考了很久，決定要回到離自己很近的地方生活，重新建立核心。做幾件事情：

- 我要提醒自己學好煮飯、洗衣、打掃環境，把生活的品質提昇。
- 我要拜訪身邊的人們及朋友，吁寒問暖，增加互動。
- 我要開發好台灣的業務，不要只想著天邊的雲彩。

　　這是一個很真實的提醒，不是嗎？我要把真實的世界活好，善用和虛擬世界溝通的工具但不依賴工具，過個踏實的人生。

／ 第二個提醒：身心安定

　　40 歲走向 50 歲的人生路，遇上許多凶險 ...
外界世界的挑戰有之
人際互動的傷害有之
最可怕的
自己心中的老虎，爪子一亮，見血受傷。

　　這十年，也是我創業十年，沒門沒派，獨立思考的我，凡事總帶著價值判斷，覺得某些事情是好事，某些事情是壞事。甚至，某些人是好人，某些人是壞人 ...。

　　但是，後來才發現，自己做成的事情，和成為的人，有時候自己也不喜歡。

　　有一位學佛的朋友，提醒了我：「時間管理是個好的法門，因為幫助我們隨時注意著起心動念，如果把念頭聚焦在"身心安定"，那就會成為成長的力量，那就更好了。」

　　以前把焦距放在要做什麼事情、要做哪一種人，自己的認知成為一種「分別心」。若用學佛朋友的方法，做這件事情能否幫自己「身心安定」，把念頭的焦距向內，反而更從容面對外界的風景。

> *「破山中賊易，破心中賊難。」*
> *—— 王陽明，*
> *出自《王陽明全集·與楊仕德薛尚謙書》*

人生下半場的第二個提醒，不是別人人性本善或本惡，而是向內看，「身心安定」才是最重要的功課。

第三個提醒：不知道的美

今年學得最多的是「不知道」，發現不知道，是很美的一件事情。

第一次創業，是一群人，當講師算是第二次創業，是一個人，但慢慢地，又需要一群人互動思考。年輕時，覺得自己什麼都知道，若真的不知道就學吧！這時，「勤學習」是很重要的事情。到了人生下半場，才發現自己不知道太多事情，更糟糕的是，時間是有限的，強求，只讓自己更痛苦。

> *「吾生也有涯，而知也無涯，*
> *以有涯隨無涯，殆矣。」*
> *-《莊子·養生主》*

不知道，是存在的，能和「不知道」相處的好，就是一種美。

和上半場不同，學習不是不重要，但下半場的問題是「學不完」，時間不夠了，所以，要有些策略。

要停，留出空間，不是只顧著講出自己的意見產生對話，找出共識，團隊才能前進。

要看，要瞭解別人行為背後的目的是什麼？
要聽，要知道別人要什麼？幫助人家達成。

為什麼這一年覺察「不知道」很重要？因為和團隊互動中，發現自己老師的習性好重，影響了團隊的前進。明明自己不知道，卻聽不下別人，後來導致團隊成員開始不說話。

要給自己第三個提醒是「停、看、聽」，用時間去咀嚼體驗「不知道」的事情，別再自以為是了。

我也相信，這樣的人際互動，是更美的

聽，才是學習的開始。

知道人生下半場到了
知道很多事我掌控不了
知道人性本惡事情存在
知道很多事情我不知道

一開始，我沮喪了一陣子，這好像也是必經的過程。

所以在這段探索的過程中，想找一把尺來衡量，這樣才能重複的使用。想了很久，我用的尺是「下半場的人生，我是否能夠更真、更善、更美」。

更真，面對虛擬的世界，更多的技術及工具，固然要善用，但也要注意是否能夠在真實的層面踏實做好。

更善，我相信，自己還是會有許多價值判斷，但是多向內看，改採「身心安定」的指標，由內出發，向前前進。

更美，看清自己的無知，卻不消極，擁抱這個世界，讓別人教導我們，就算不知道，也是一種美。

下半場的策略，和上半場當然有所不同，但是利用這中場休息的時間，寫好日記，做好覆盤，好好思考，準備好幾個提醒，就上路吧！

覆盤的技術最終章

過了兩年，L 君又跑來找我（本書第二部開場提到的 L 君）。

「永錫老師，這幾年我收穫好大呀！」L 君一來就大聲嚷嚷，個性一點都沒改

「現在我每天早上第一件事就是寫日記，接著定每日計畫，設計出最大的青蛙，接著一天就努力吃青蛙，做了好多事情，自己都想像不到。」他開心地說：「健康方面定期運動，工作方面升上了經理、也幫家裡面買車，還有還有，和家人的關係也改善了。」

「真的太棒了，你的努力是看得到的。」

「老師，我想學一件事情，你的年度計畫最中間，都有一個手繪願景圖，我要學這個。」L 君兩眼閃閃，這傢伙，無事不登三寶殿呢！

我們在訂定長期目標（3 ～ 5 年或更長），我建議要採圖像式目標，因為較高層次的目標，和個人價值觀、原則比較相關，適合圖像表達。二來，視覺化的目標不像文字需要逐字閱讀，圖像可以直接印記在腦海中。

如何一步步畫出視覺化的長期目標呢？

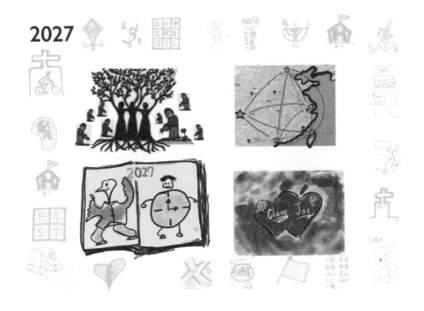

「我帶了一台 iPad 來了。」L 君笑咪咪拿出他的平板。

「我也準備好我最新版的願景圖。」我也拿一台 iPad：「我是用 Paper 53 for iPad 繪製我的願景圖，這是免費的 App，你先下一個吧！」

上圖是我繪製的 2027 年願景，有四幅主圖。左上是園丁、右上叫西南航空、左下是童書繪本、右下是情人。

第一幅「園丁」是我想要用園丁這個角色來形容我的工作，所以先畫中間的物件，是三個人，也是三顆樹；加上一些人代表團隊，幫樹澆水，一起維護這片園地。

第二幅是「西南航空」，我每年都會到十個以上的大陸城市出差，是道地的空中飛人，這幅圖北京、上海、深圳、重慶及台中這

五個城市結點（Node），飛行的路線作為連結（Link），說明我架構的不是一次次飛行，而是一張航空公司飛行網。除此之外，今年改版會加入日本東京及美國矽谷兩個城市。

第三幅圖是「童書繪本」，其實這是兩個目標，第一個是希望在2027年出一本時間管理的繪本，因為我很愛繪本這種表達模式，覺得能寫給孩子繪本，是一件很酷的事情。第二個是希望在2027年成為白鶴拳師父，自己身體健康，也幫助他人身體健康。

第四幅是「情人」，代表我和太太，希望我們的感情還是濃濃蜜蜜，是一輩子的幸福。

四周我還畫上許多圖案是黑白的，有些代表生命中令人難過的事情，或許是親人的過世，自己健康的問題，有些代表生命中想記錄的事情。這些黑白的圖畫，像是一種心理的刺青，我每天會看到，有時會讓自己多看一下。

╱ 四個數字，365、52、1、10

365 天，代表我一年會寫 365 天的日記。
52 週，代表我一年做每週檢視的次數。
1 個計畫，每年年末，我會製作隔年年度計畫。
10 年，代表我這樣做上面這幾件事情已經超過十年。

「永錫老師，我覺得你不是人。」L 君一本正經的說。

「那我是什麼人？」我哈哈大笑

「你是機器人，所以才能規律地去完成這樣的事情。」L 君繼續很正經的說。

L君說得沒錯，紀律的養成是不容易的，但是養成之後，就能夠產生效率，所以在養成紀律的過程中，需日記這樣的檢視方式，了解自己在做人、做事的改變，還有整個系統是否有所漏洞。

　　視覺化的長期目標，放在最中心，外圍用九宮格放上八個年度目標與寫日記的領域，這兩者是一個圖檔。因此每天寫日記的時候，我可以看見每年的目標（文字），長久的願景（視覺），寫日記時針對一個領域來寫，寫日記時，想想下面這三個問題？

> ⇨ 這個日記是朝自己年度目標前進嗎？
> ⇨ 我做了什麼事情讓自己往這個目標前進？
> ⇨ 我做這件事情的感受是什麼？（喜悅、興奮、生氣、痛苦等）

　　記得寫日記五分鐘就好，以前我會貼入大量的圖片、相片、現在也比較少做了，就是純粹文字，這樣子習慣就更容易長久維持。

　　每週一年 52 次，我用週檢視的方式來做人生的覆盤。這部份是參考 David Allen 的週檢視模版，並且以日記、行動、任務清單三者為檢視的最核心，能夠在一個小時多一些就做完每週檢視。若是L君問我每週檢視最重點是什麼，我會說：「不要花太久時間。」

　　因為每週檢視這個習慣很重要，要養成一個耗時短的習慣，比耗時長的習慣容易，請確實用倒數計時器提醒自己每週檢視每個階段的時間，讓每週檢視成為自己長期的習慣。

　　每年 11–12 月時間，我會找一段時間來覆盤，先是閱讀日記，接著是寫過的部落格文章、臉書極微信塗鴉牆，寫下上一年對自己影響深刻的事件，並記錄在紙上，接著整理成八大領域，藉由老師

或自我引導寫下新的九宮格年度計畫。

每年我也會檢視視覺化的長期目標，每年優化一些視覺，我也發現，每 3 ～ 5 年，我就可能有新一代的視覺型目標出現，這也代表我對自己未來的探索方向改變了。這樣的年度檢視，我已經進行了十年，我的目標及計畫是 3000 多則日記、500 次的每週檢視、10 次的年度檢視所堆疊出來的能力，深深覺得長期目標對自己影響很大。

我也希望讀者，要訓練自己視覺化思考的能力，會直接改變感性面的自己。

並且練習用覆盤來優化我們的時間管理系統，不僅僅是工作的層次，可以優化我的健康，優化財務，優化我們的家庭，優化社交及公益領域，內在、學習的領域，還有休閒的領域，我們都可以藉由定期覆盤持續優化。

覆盤的最後要點

L 君看著我，突然問了一句話：「老師，你寫了這麼多覆盤，你覺得覆盤最核心的要點是什麼呢？」

「我覺得就是教我們做好人，做好事情呀！」我笑咪咪回答。

時間管理不是一般人所認為的，只是主動積極往目標不斷地前進，因為人生總有順境及逆境，我們應該用日記來鼓舞自己，不論任何狀況都能夠自強不息，不忘記自己目標及願景。

待人處世，能夠照顧好身邊最親近的人，進而影響周遭的人，不是把事情做對而已，而是團隊能否因此而而更好，這就是做人。

「自強不息，厚德載物。」L 君慢慢地講出這八個字：「老師，你剛才講這些話，我腦海裡就浮現這八個字。」

　　「對的，這也是我做人做事的價值觀。最終，時間管理不在於你怎麼做事情，而在於你想成為什麼樣的人。」

【View 職場力】2AB944

不成功，因為你太快：
練習每日覆盤，不二錯、不瞎忙、年度目標有效達成

作　　　者	張永錫
責 任 編 輯	黃鐘毅
版 面 構 成	江麗姿
封 面 設 計	走路花工作室
行 銷 專 員	辛政遠、楊惠潔

總 　 編 　 輯	姚蜀芸
副 　 社 　 長	黃錫鉉
總 　 經 　 理	吳濱伶
發 　 行 　 人	何飛鵬
出 　 　 　 版	創意市集

發　　　行　城邦文化事業股份有限公司
　　　　　　歡迎光臨城邦讀書花園
　　　　　　網址：www.cite.com.tw

香港發行所　城邦（香港）出版集團有限公司
　　　　　　香港灣仔駱克道 193 號東超商業中心 1 樓
　　　　　　電話：(852) 25086231
　　　　　　傳真：(852) 25789337
　　　　　　E-mail：hkcite@biznetvigator.com

馬新發行所　城邦（馬新）出版集團
　　　　　　Cite (M) Sdn Bhd
　　　　　　41, Jalan Radin Anum, Bandar Baru Sri
　　　　　　Petaling, 57000 Kuala Lumpur, Malaysia.
　　　　　　電話：(603) 90578822
　　　　　　傳真：(603) 90576622
　　　　　　E-mail：cite@cite.com.my

印　　　刷　凱林彩印股份有限公司
　　　　　　2018 年 (民 107) 9 月 初版一刷
　　　　　　Printed in Taiwan
定　　　價　300 元

如何與我們聯絡：
1. 若您需要劃撥購書，請利用以下郵撥帳號：
郵撥帳號：19863813　戶名：書虫股份有限公司

2. 若書籍外觀有破損、缺頁、裝釘錯誤等不完整現象，想要換書、退書，或您有大量購書的需求服務，都請與客服中心聯繫。
客戶服務中心
地址：10483 台北市中山區民生東路二段 141 號 B1
服務電話：(02) 2500-7718、(02) 2500-7719
服務時間：週一至週五 9：30 ～ 18：00
24 小時傳真專線：(02) 2500-1990 ～ 3
E-mail：service@readingclub.com.tw

※ 詢問書籍問題前，請註明您所購買的書名及書號，以及在哪一頁有問題，以便我們能加快處理速度為您服務。

※ 我們的回答範圍，恕僅限書籍本身問題及內容撰寫不清楚的地方，關於軟體、硬體本身的問題及衍生的操作狀況，請向原廠商洽詢處理。

※ 廠商合作、作者投稿、讀者意見回饋，請至：
FB 粉絲團：http://www.facebook.com/InnoFair
Email 信箱：ifbook@hmg.com.tw

國家圖書館出版品預行編目資料

不成功，因為你太快：練習每日覆盤，不二錯、不瞎忙、年度目標有效達成 / 張永錫 著.
-- 初版 -- 臺北市；創意市集出版；城邦文化
發行，民 107.9　面；　公分

ISBN　978-957-2049-03-7（平裝）
1. 職場成功法 2. 人生哲學

494.35　　　　　　　　　　　　107013013